建筑遗产保护丛书

东南大学城市与建筑遗产保护教育部重点实验室

朱光亚　主编

苏北传统建筑技艺

李新建　著

东南大学出版社·南京

继往开来，努力建立建筑遗产保护的
现代学科体系❶

　　建筑遗产保护在中国由几乎是绝学转变成显学只不过是二三十年时间。差不多五十年前，刘敦桢先生承担瞻园的修缮时，能参与其中者凤毛麟角，一期修缮就费时六年；三十年前我承担苏州瑞光塔修缮设计时，热心参加者众多而深入核心问题讨论者则十无一二，从开始到修好费时十一载。如今保护文化遗产对民族、地区、国家以至全人类的深远意义已日益被众多社会人士所认识，并已成各级政府的业绩工程。这确实是社会的进步。

　　不过，单单有认识不见得就能保护好。文化遗产是不可再生的，认识其重要性而不知道如何去科学保护，或者盲目地决定保护措施是十分危险的，我所见到的因不当修缮而危及文物价值的例子也不在少数。在今后的保护工作中，十分重要的一件事就是要建立起一个科学的保护体系，从过去几十年正反两方面的经验来看，要建立这样一个科学的保护体系并非易事，依我看至少要获得以下的一些认识。

　　首先，就是要了解遗产。了解遗产就是系统了解自己的保护对象的丰富文化内涵，它的价值以及发展历程，了解其构成的类型和不同的特征。此外，无论在中国还是在外国，保护学科本身也走过了漫长的道路，因而还包括要了解保护学科本身的渊源、归属和发展走向。人类步入 21 世纪，科学技术的发展日新月异，CAD 技术、GIS 和 GPS 技术及新的材料技术、分析技术和监控技术等大大拓展了保护的基本手段，但我们在努力学习新技术的同时要懂得，方法不能代替目的，媒介不能代替对象，离开了对对象本体的研究，离开了对保护主体的人的价值观念的关注，目的就沦丧了。

　　其次，要开阔视野。信息时代的到来缩小了空间和时间的距离，也为人类获得更多的知识提供了良好的条件，但在这信息爆炸的时代，保护科学的体系构成日益庞大，知识日益精深，因此对学科总体而言，要有一种宏观的开阔的视野，在建立起

---

❶　本文是潘谷西教授为城市与建筑遗产保护教育部重点实验室（东南大学）成立写的一篇文章，征得作者同意并经作者修改，作为本丛书的代序。

学科架构的基础上使得学科本身成为开放体系,成为不断吸纳和拓展的系统。

再次,要研究学科特色。任何宏观的认识都代替不了进一步的中观和微观的分析,从大处说,任何对国外的理论的学习都要辅之以对国情的关注;从小处说,任何保护个案都有着自己的特殊的矛盾性质,类型的规律研究都要辅之以对个案的特殊矛盾的分析,解决个案的独特问题更能显示保护工作的功力。

最后,就是要通过实践验证。我曾多次说过,建筑科学是实践科学,建筑遗产保护科学尤其如此,再动人的保护理论如果在实践中无法获得成功,无法获得社会的认同,无法解决案例中的具体问题,那就不能算成功,就需要调整甚至需要扬弃,经过实践不断调整和扬弃后保留下来的理论,才是保护科学体系需要好好珍惜的部分。

潘谷西

2009 年 11 月于南京

丛书总序

　　建筑遗产保护丛书是酝酿了多年的成果。大约在 1978 年,东南大学通过恢复建筑历史学科的研究生招生,开启了新时期的学科发展继往开来的历史。1979 年开始,根据社会上的实际需求,东南大学承担了国家一系列重要的建筑遗产保护工程项目,也显示了建筑遗产保护实践与建筑历史学科的学术关系。1987 年后的十年间东南大学发起申请并承担国家自然科学基金重点项目中的中国建筑历史多卷集的编写工作,研究和应用相得益彰;又接受国家文物局委托举办的古建筑保护干部专修科的任务,将人才的培养提上了工作日程。90 年代,特别是中国加入世界遗产组织后,建筑遗产的保护走上了和世界接轨的进程。人才培养也上升到成规模地培养硕士和博士的层次。东大建筑系在开拓新领域、开设新课程、适应新的扩大了的社会需求和教学需求方面投入了大量的精力,除了取得多卷集的成果和大量横向研究成果外,还完成了教师和研究生的一系列论文。

　　2001 年东南大学建筑历史学科经评估成为中国第一个建筑历史与理论方面的国家重点学科。2009 年城市与建筑遗产保护教育部重点实验室(东南大学)获准成立,并将全面开展建筑遗产保护的研究工作,特别是将从实践中凝练科学问题的多学科的研究工作承担了起来,形势的发展对学术研究的系统性和科学性提出了更为迫切的要求。因此,有必要在前辈奠基及改革开放后几代人工作积累的基础上,专门将建筑遗产保护方面的学术成果结集出版,此即为《建筑遗产保护丛书》。

　　这里提到的中国建筑遗产保护的学术成果是由前辈奠基,绝非虚语。今日中国的建筑遗产保护运动已经成为显学且正在接轨国际并日新月异,其基本原则:将人类文化遗产保护的普世精神和与中国的国情、中国的历史文化特点相结合的原则,早在营造学社时代就已经确立,这些原则经历史检验已显示其长久的生命力。当年学社社长朱启钤先生在学社成立时所说的"一切考工之事皆本社所有之事……一切无形之思想背景,属于民俗学家之事亦皆本社所应旁搜远绍者……中国营造学社者,全人类之学术,非吾一民族所私有"的立场,"依科学之眼光,作有系统之研究","与世界学术名家公开讨论"的眼界和体系,"沟通儒匠,浚发智巧"的切入点,都是今日建筑遗产保护研究中需要牢记的。

当代的国际文化遗产保护运动发端于欧洲并流布于全世界,建立在古希腊文化和希伯来文化及其衍生的基督教文化的基础上,又经文艺复兴弘扬的欧洲文化精神是其立足点;注重真实性,注重理性,注重实证是这一运动的特点,但这一运动又在其流布的过程中不断吸纳东方的智慧,1994年的《奈良文告》以及2007年的《北京文件》等都反映了这种多元的微妙变化;《奈良文告》将原真性同地区与民族的历史文化传统相联系可谓明证。同样,在这一文件的附录中,将遗产研究工作纳入保护工作系统也是一个有远见卓识的认识。因此本丛书也就十分重视涉及建筑遗产保护的东方特点以及基础研究的成果。又因为建筑遗产保护涉及多种学科的多种层次研究,丛书既包括了基础研究也包括了应用基础的研究以及应用性的研究,为了取得多学科的学术成果,一如遗产实验室的研究项目是开放性的一样,本丛书也是向全社会开放的,欢迎致力于建筑遗产保护的研究者向本丛书投稿。

遗产保护在欧洲延续着西方学术的不断分野的传统,按照科学和人文的不同学科领域,不断在精致化的道路上拓展;中国的传统优势则是整体思维和辩证思维。1930年代的营造学社在接受了欧洲的学科分野的先进方法论后又经朱启钤的运筹和擘画,在整体上延续了东方的特色。鉴于中国直到当前的经济发展和文化发展的不均衡性,这种东方的特色是符合中国多数遗产保护任务,尤其是不发达地区的遗产保护任务的需求的,我们相信,中国的建筑遗产保护领域的学术研究也会向学科的精致化方向发展,但是关注传统的延续,关注适应性技术在未来的传承,依然是本丛书的一个侧重点。

面对着当代人类的重重危机,保护构成人类文明的多元的文化生态已经成为经济全球化大趋势下的有识之士的另一种强烈的追求,因而保护中国传统建筑遗产不仅对于华夏子孙,也对整个人类文明的延续有着重大的意义。在认识文明的特殊性及其贡献方面,本丛书的出版也许将会显示另一种价值。

朱光亚

2009年12月20日于南京

序

　　在整个中国传统建筑的谱系中,苏北建筑名不见经传。在江苏的传统建筑的研究中,苏北建筑的研究长期默默无闻,这一方面是因为苏北地区除沿江的扬州和南通地区外,由于战争和自然灾害频频降临,总体上遗存甚少,且多数地区的多数建筑较为简陋,在以《营造法原》及一大批明代和清代的典雅的建筑遗存为代表的苏南传统建筑成果面前显得似乎不足道而不被重视。然而在江苏传统建筑的图谱上,苏北毕竟是绕不过的一大块土地。十几年前,我在完成了包括苏南在内的华南若干地区的传统建筑技艺研究之后即对这块长期被轻视的地域上的传统建筑开始了研究,李新建即是当时受命前往苏北调查并后来以他的硕士论文形式呈现研究成果的研究者之一。

　　这个地区,广义地说是江苏长江以北的几乎全部地区,占了江苏版图的四分之三,就建筑文化内涵关系而言,还和鲁南及皖东北地区相接续。准确一点说,苏北各地的建筑传统不是同质的,本书中的苏北包括了今天以徐州为中心的淮海文化圈和以扬州及淮安为轴的淮扬文化圈及其辐射地带。而南通一带则因呈现更为复杂的文化相关性而独成一区。李新建同志在本书中对这种分区多有阐释。除了这种差异性之外,苏北的传统建筑,还呈现了一定的共性,例如除了受运河等水系带来的江南影响的少数建筑之外,悉用圆作直梁,墙体少用空斗且喜清水,屋面除沿海的某些地区外,一律较江南陡峻。对这种差异性中的共性及共性中差异性深入研究,无疑将使我们能够更为全面和深入地认识和了解这块土地上的建筑文化特质。

　　由于运河、淮河和1865年前的黄河都流经苏北,这块土地被流域切割,加上历史上的宋金对峙加强了这块土地上的南北差异,使之成为古代南北文化的分界线地带,元明以后大运河的经营虽仍不断加强南北相互交流和交融的关系,但淮安以北的通航时断时续,终于使得"南船北马"成了淮安分界南北的标记。在这样一种南北跨流域的交流十分困难的历史背景下,研究苏北地区的建筑特质无疑对于认识和了解中国古代文化区系分野、认识和了解中国古代建筑体系的地区差异,以及认识和了解作为文化线路的大运河的作用提供一种独特的切入点。如今各界人士再次关注苏北传统建筑研究之时,本书无疑为建筑史学界和其他学界继续深入开展这类研究及时地提供了丰富的资料和审视它们的一个技术性的角度。

　　李新建同志在当年的调查中对于金字梁架这一苏北鲁南等地特有的木结构形式做了较多的研究,深化了对中国木构体系的构成的认识,且透过施工的组织形式等探讨了关于传统传承的组织形式问题,使我们不得不对苏北传统建筑刮目相看,书稿又吸收了近年来在苏北传统建筑研究方面的若干新成果,使得书稿内容更形丰富,如今书稿即将付梓,我乘此机会就苏北建筑认识略述己见,是为序。

朱光亚

2014 年 7 月 1 日

目 录

绪 论

一、研究目标和意义

在中国社会几千年的连续进程中,建筑技艺始终以一种渐变发展的形式延续着。但自近代以来,巨大的社会变革以及随之而来的建造方式的突变,使得这一连续发展的进程戛然中断,原有的传统建筑技艺退出了主流的建筑舞台,只在部分专业古建筑施工单位和偏远乡村得以少量保存。在 21 世纪的今天,一方面由于城市和乡村建设的迅速发展,传统建筑(主要指使用传统技艺和材料、建造于 1960 年代以前的大量建筑,不包括已经受到法律保护的文物建筑)正逐步为现代建筑所替代;另一方面系统掌握传统建筑技艺的匠师(指出生于社会剧烈变革之前的 20 世纪早期,在长期的实践中积累了丰富的传统建筑施工和材料生产经验的木匠、泥瓦匠、石匠、雕匠、漆匠、建筑五金匠、风水师及营造司仪),均已至风烛残年,且后继无人。随着这些传统建筑和匠师的相继逝去,传统建筑技艺日渐走向衰亡,记录和保存传统建筑技艺已经成为当前建筑历史研究领域的一个实际而迫切的课题。

在这样的背景下,本书对江苏省长江以北地区(以下简称苏北)的传统建筑技艺进行了调查、整理和研究,其目标和意义主要体现在以下四个方面:

(1) 通过寻访苏北各地传统建筑匠师,抢救性地记录和保存其技艺和经验,为苏北传统建筑技艺的研究积累原始的口述资料,这是研究的初衷和最低目标。

(2) 对苏北传统建筑遗产进行广泛调查,并与传统匠师的口述资料相参照进行整理和研究,为最终形成一套完整、系统、明晰的苏北传统建筑技艺史料打下基础。

(3) 探讨苏北传统建筑技艺内部的区域分野,为进一步比较苏北和苏南、北京官式及周边省份在传统建筑技艺上的异同,并探索其深层的建筑和文化分区提供佐证。

(4) 通过传统建筑技艺的研究,为各地建筑遗产的维修、修复和保护工程提供参考和依据,从而保持和延续各地的传统建筑特色,通过乡土建筑来"记住乡愁"。

二、研究对象的界定

本书的研究对象是苏北传统建筑技艺。

"苏北"的概念是指江苏省长江以北各地,包括现在行政区划中的扬州、泰州、南通、盐城、宿迁、淮安、徐州、连云港 8 个地级市,以及泰兴等 40 个县和县级市❶。

"传统"一词带有世代传授(传)和普遍性(统)的含义,并且带有区别于历史的现时性含义,所以"传统建筑"的概念在本书指建成于 1960 年代以前的、由传统匠师采用传统材料、传统技艺建造的传统样式的大量性一般建筑。具体到现存实例而言,主要以明清以降的居住建筑和少量的祠庙为主。各地衙署、文庙等重要公共建筑往往带有一定的官方督造性质,其建筑做法往往不带有代表地方的典型性和普遍性,所以不是本书的研究重点。明代以前的各类遗址、石刻、墓葬、城池、塔、桥、堤、闸等早期建筑由于失去了现时性的意义而应该归为历史建筑,或者尽管建于 1960 年代以前但采用近代西方样式或现代样式的建筑,也都不是本书研究的重点。

"技艺"是指传统建筑在选址、备料、建造过程中所采取的一切材料加工及施工技术(工),以及运用材料和技术的技巧、规律、原则和程序(艺)。

三、苏北传统建筑及其技艺现状

目前,苏北传统建筑主要遗存于城镇,农村地区相对较少。苏北农村地区传统建筑以土坯墙、夯土墙和草顶为主,本身在苏北黄泛区和里下河低洼地区频繁的洪涝灾害和历次战争中较易损毁;加之农村地区居民拥有可以自建房屋的宅基地,在"造屋盖房、光宗耀祖"的传统观念影响下往往尽一切可能地翻建、新建住宅,因而苏北地区农村的传统民居早在 1980 年代以前就已消失殆尽。城镇地区传统建筑以砖墙、瓦顶为主,建筑质量较高,灾害和战争的影响相对较小;加之城镇土地公有制使得居民无法自由翻建或拆除,因此一直到 1980 年代末期仍然是苏北城镇建筑的主体。但在 1990 年代以后,各地城市和小城镇建设发展迅速,绝大多数未被列入文物保护单位或历史文化街区的传统民居区被成片拆毁,导致城镇传统建筑的数量也急剧下降,许多城镇的传统建筑甚至已经凤毛麟角。

在传统建筑数量减少的同时,苏北传统建筑技艺也已基本失传。苏北以开阔平原为主,拥有长江、运河、淮河、陇海铁路等较为便利的交通条件,政令畅通而易得风气之先,较早地由传统营造体系转变为现代建筑体系。1949 年新中国成立后,苏北各地即开始组织带有行政机构性质的瓦业和木业工会以取代之前的行会组织,并陆续成立现代意义上的建筑公司。如泰兴于 1950 年成立建筑公司,所有的建筑工匠均必须加入,以集体名义对外承揽业务。认为个人或私营承包的民间建筑活动具有剥削性质而予以严禁,1957 年成立建筑工程合作社后限制更加严格❷。再如淮安 1950 年将原来的木、瓦、竹等 11 个行会合并为建筑工会,反对私营建筑活动,并于 1950 年代就使用

---

❶　江苏省基础地理信息中心.江苏省地图册.北京:中国地图出版社,2004。本书中苏北地区地图均以此为准。

❷　泰兴建筑工会的相关情况根据泰兴市第一建筑公司退休干部顾美昌口述整理。顾美昌,木匠出身,为1950 年泰兴建筑工会的主要负责人之一。

《李伯林手册》❶向工人讲授现代建筑技术，至 1960 年代建筑工匠已经普遍使用钢卷尺。民间个人或私营的建筑活动被指责为剥削，与当时强调高度公有制的政治方向相背离，所以在很长的时间内遭到禁止而绝迹，传统建筑技艺也被强调"多快好省"的建设社会主义新中国的热潮推出了主流的建筑舞台，这是苏北传统建筑技艺失传的主要原因。

尽管在改革开放之后观念开始放开，师徒相传的民间工匠重新活跃于农村的建筑市场，但此时的建筑活动已经以现代建筑技艺为主，建筑结构多为不用木梁柱的硬山搁檩、砖墙承重体系，建筑形象也已是现代农村住宅的三间红砖平房或楼房，唯一和传统建筑技艺较为接近的只有屋面和屋脊瓦作。现在各地古建筑公司或工程队的建筑业务大多以现代建筑或市政工程为主，只有少量的寺庙、园林建筑等仿古建筑工程，工匠一般称之为古典建筑。

伴随着传统营造活动的消失，传统建筑的技艺也不可避免地陷入几近失传的境地。现在所谓的古典建筑工程一般均使用现代工具和材料，做法也均以设计图纸和现行的古建筑施工教材为准，普通技术工人完全不了解本地的地方式样和技艺。即便是作者在苏北各地千方百计寻访到的 16 位老匠师（详见表 0.2），也大多赋闲在家，已经数十年未从事过民间传统建筑的营造，仅有少数匠师仍然在民间从事小木家具的制作。除了红木家具雕刻等极少数领域外，由于传统建筑市场狭小，年轻人鲜有问津，所以这些老匠师均没有徒弟传承其技艺。如果不采取抢救性的保护措施对其进行记录和研究，苏北传统建筑技艺必将随着这批老匠师的谢世而最终失传。

四、研究的文献基础

本书在调研和写作前后进行了大量相关资料的阅读学习，前人丰硕的研究成果是作者知识的来源和写作的文献基础，其具体内容在书末参考文献已详细列出，此处仅就其中主要的七类说明其对于本书的贡献。

（1）以《中国古代建筑技术史》、《中国古代建筑史》第一至第五卷中建筑技术章节为代表的中国古代建筑技术通论类书籍，是作者了解中国古建筑技术宏观发展史的主要来源。

（2）以《营造法式》、《清工部工程做法》、《营造法原》为代表的历代建筑技术专书，以及梁思成、刘敦桢诸先生对其进行的注释类著作是本书了解古代建筑制度和技术的主要来源，尤其是总结苏州传统建筑技术的《营造法原》一书对本书苏北传统建筑技艺的研究有着极大的比较研究的意义，同时本书在写作体例和名词等方面对该书也有较多的借鉴。

（3）以《中国古建筑木作营造技术》、《中国古建筑瓦石营法》为代表的古建筑分类

---

❶　淮安建筑工会的相关情况根据淮安市楚州区（即原淮安市）黄世勋老人口述资料整理。黄世勋，出身木工世家，为 1950 年代淮安建筑工会主要负责人之一。《李伯林手册》亦为黄老口述，具体名称黄老难以确定，作者未能考证，大致是介绍现代建筑施工的手册读本。

技术专书,集北京官式做法和北方地方建筑做法之大成,通俗翔尽,对本书也有着极大的借鉴和比较研究的意义。

(4) 以李乾朗、徐裕健、杨裕富诸先生为代表的台湾学者对台湾及闽南传统建筑技艺研究的系列著作和大量论文为本书的写作提供了思路上的启发和写作上的参考。

(5) 以《古建园林技术》杂志和《科技史文集(建筑史专辑)》、《建筑史论文集》、《建筑历史与理论文集》、历届海峡两岸传统民居学术研讨会论文集为代表的各类期刊和出版物中的相关文章也对本书的写作起到了参考作用。

(6) 关于苏北古建筑研究的文献资料,除《扬州园林》等少量学术专著外,主要散见于《文物》、《考古》、《东南文化》等期刊。根据作者所能搜集到的资料,主要可以分为:①对以徐州、连云港为主的各地早期人类遗址、汉代墓葬和石刻造像的考古研究;②对扬州园林及民居建筑雕刻艺术的研究;③对扬州、淮安等运河沿线城市发展及会馆建筑的研究;④对南通近代城市和建筑发展的研究;⑤对东台富安等地较为集中的明清民居的研究;⑥对南通天宁寺、连云港海青寺塔、盐城海春轩塔等早期建筑单体的研究。尽管为数不多,且没有直接针对苏北传统建筑技艺的研究成果,但对本书了解苏北古建筑遗存也有着一定的帮助。

(7) 关于苏北历史文化的著作及各地史志资料。包括以《江苏区域文化研究》、《江苏城市文化地理》等为代表的研究江苏历史文化著作中的苏北部分;以《扬州文化概观》系列丛书为代表的介绍苏北各地地方历史文化的出版物;《江苏省志》系列丛书及各地历代或新编地方志;各地政协主编的《文史资料选辑》。这些历史文化方面的著作虽然和本书传统建筑技艺研究没有十分直接的关系,但对作者了解苏北历史文化、各地风俗、文物古迹及相关传说有着一定的帮助,其中值得一提的是各地《文史资料选辑》,由于其系各地政协或党史、地方志办公室主编的系列出版物,有着较好的连续性,内容多为各地耆旧老者的亲身经历,对研究近代社会变革、传统风俗、行业状况等具有较高的参考价值,由于历来不为建筑历史学者所重视,特提出说明。

上述各类前人的研究成果虽然并不和苏北传统建筑技艺的研究有着直接的联系,作者并未能通读全部内容,其中绝大多数在本书中亦未被引用甚至完全未能涉及,但却对作者全面了解和研究苏北传统建筑及其技艺有着重要的基础作用,在此谨对各位前辈学人的辛勤劳动和丰硕成果致以敬意和感谢。

五、调研过程及方法

本书的研究范围是整个苏北地区,不同于某一地区、建筑单体的研究,所以必须建立在苏北整个地域范围内大多数现存传统建筑及其匠师技艺的广泛调查之上,具体而言在地域上应该覆盖整个苏北地区,在数量上应该占当地现存传统建筑的绝大多数,这样才有可能进行统计学意义上的对比和总结,从而归纳出苏北整体和各局部区域传统建筑技艺的规律及其差异所在。为了保证调研的全面性,本书在调研地域的选择上采用了点、线、面结合的方式。

本书研究过程中,除结合保护工程项目、各类会议中的短期调查外,专门开展了三次系统的实地调研及野外调研,共计 63 天,覆盖苏北全部 8 个地级市,以运河、方言区和海岸线组织具体的调研路线。第一次调研以京杭运河沿岸为主线,从扬州至徐州历时 28 天。第二次调研以通泰方言区为主线,历时 14 天。第三次调研以苏北东部沿海地区为主线,从连云港至南通历时 21 天。每个地级市除市区外,另选择历史较长、传统建筑遗存较多的下辖县或县级市(1～2 个)、县市下辖乡镇(1～2 个)作为调研点,总计 16 个县和县级市,约 20 个乡镇(不包括县城所在镇),占苏北县级以上行政区的50%(表 0.1)(图 0.1)。

表 0.1 本书调研范围一览表

地级市	下辖区、县及县级市、镇	
	已调研地区	未调研地区
扬 州	市区、高邮市(车逻镇)、江都市(绍伯镇)	仪征市、宝应县
泰 州	市区、高港区、泰兴市(黄桥镇、南新镇)、姜堰市(溱潼镇)、兴化市	靖江市
南 通	市区、海安市、启东市	如皋市、通州市、海门市、如东市
盐 城	市区、东台市(富安镇、西溪镇)、大丰市(刘庄镇、白驹镇、草堰镇)、响水县、阜宁县、射阳县、滨海县	盐都县、建湖县
宿 迁	市区、宿豫县(皂河镇)	沭阳县、泗阳县、泗洪县
淮 安	市区(原淮阴市)、楚州区(河下镇)	涟水县、洪泽县、金湖县、盱眙县
连云港	市区(海州区、南城镇)、灌云县(板浦镇)、赣榆县(黑林镇)	东海县、灌南县
徐 州	市区、新沂市(窑湾镇)	铜山县、睢宁县、沛县、丰县、邳州市
总计 8 个地级市	16 个县和县级市	总计 23 个县和县级市

各地的调研内容一般包括如下几个方面:

(1) 对当地文物、文化、建设等相关主管部门的咨询和访谈。主要内容是了解各地文物建筑和其他非文物传统建筑的数量、分布和保护情况,了解其所掌握的传统匠师和传统营造行业的情况,进行录音、记录并请求提供传统建筑的相关资料。

(2) 对所有文物建筑及大量的非文物传统建筑进行实地考察、摄影、绘图记录,在此过程中注意了解当地居民对本地传统建筑各类做法的称谓和理解。

(3) 向当地建筑公司或古建筑公司和工程队了解传统建筑及其行业情况,并请求提供老匠师名单和联系方法。

(4) 寻访各行业老匠师并对其进行访谈,通过文字、绘图、录音等方式记录访谈内容,邀请老匠师一同寻访当地传统建筑并就具体实例开展讨论,对其可能提供的照片、图纸、工具、书籍进行摄影记录。对传统匠师的访谈是本书调研的重点也是难点,由于在世的了解传统建筑技艺的老匠师数量很少,且大多生活在农村不为人知,所以寻访十分困难,加之作者在每个地区的停留时间往往只有 1～3 天,有些老匠师外出无法联

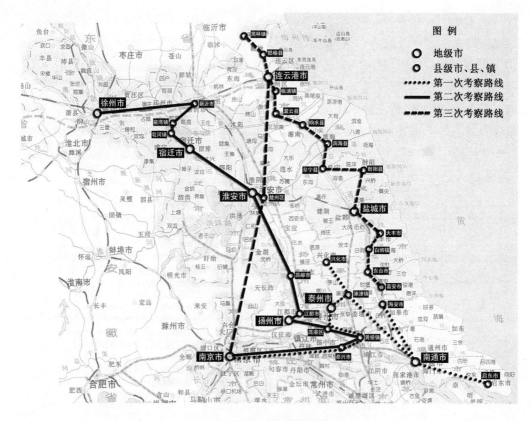

0.1　调研过程及路线图

系或没有时间接受访谈,所以实际访谈过的老匠师只有 16 位,不能做到遍访无疑是本书的一大遗憾。此将这 16 位老匠师姓名列表如下以致感谢,并为以后致力于苏北传统建筑技艺研究的学者提供参考(表 0.2)。

表 0.2　访谈匠师致谢名单❶

地　区	姓　名	行业	访谈年龄	专业简历
泰　兴	顾美昌	木匠	84	1950 年泰兴建筑工会负责人之一
泰　兴	陆克正	雕匠	61	原泰兴古建公司职工
扬　州	潘德华	木匠		现扬州德华古建筑研究所所长
扬　州	唐云福	瓦匠		现扬州古建筑公司职工
高　邮	张材虎	瓦匠		现高邮市古典园林建筑公司经理
淮　安	黄世勋	木匠	89	新中国成立初瓦业(后改建筑业)工会主席
淮　安	王锦鸿	瓦匠	54	现淮安市园林处技术员

❶　此表仅列出作者曾经过较长时间访谈的 16 位老匠师,实际接触的工匠数量远多于此,但由于对方未从事过传统建筑营造或者没有时间等各种原因未能进行访谈。此外,书中部分资料也来自于各地文化、文物、建设等主管部门的有关领导或专家,由于不是工匠,故不列在此表之内,详见正文注释及文后致谢名单。

地　区	姓名	行业	访谈年龄	专业简历
淮　安	高月秋	木匠		民间木匠,现多做家具
徐　州	孙统义	瓦匠		现徐州正源古建筑研究所所长
南　通	陆惠银	瓦匠		原南通古建筑公司技术骨干
南　通	秦乔生	木匠		原南通古建筑公司技术骨干
海　安	陆良甫	木匠		原南通古建筑公司技术骨干
连云港	孙广所	瓦匠	66	现连云港海青寺塔文保所职工
响　水	周维民	木匠	57	原响水一建公司职工
大　丰	王定靖	木匠	66	民间木匠,现做家具为主
东　台	杨增龙	木匠	63	原东台建筑公司职工

六、研究和写作方法

本书研究写作分为几个阶段,第一阶段是对考察笔记、录音、照片的整理阶段,第二阶段是对上述资料的比较研究阶段,第三阶段是总结和写作阶段。为了清晰地说明研究和写作方法,作者拟分几方面来阐述。

1. 以实地调研和访谈为研究基础

本研究始于江苏省科技厅资助项目——江苏传统建筑技艺抢救性研究的子课题,抢救性地、忠实地记录、整理和研究实地调研和访谈的结果是最主要、最基本的目标。虽然作者在调研和访谈中收获巨大,但苏北建筑技艺已经濒于失传的现实情况决定了这些调研和访谈结果以及本书基于其上的研究和写作在广度、深度和完整性上未能达到严格意义上建筑技艺研究的要求,但也有些基于调研和访谈的研究内容超出了建筑技艺研究的范围,而延伸到建筑施工、民俗和文化领域。本书的绝大多数内容均为调研和访谈的记录和总结,由于涉及地域较广、内容较多,若逐一加注其来源和出处必然导致行文上的重复与含混,所以对于调研和访谈内容一般不加单独注解,而在具体行文过程中对资料来源的地域和匠师进行界定,列出各地匠师名录,并将各地主要访谈记录整理附录于书后,以供后续研究者查对。

2. 口述资料和现存实例的对照验证

如前文所述,本书调研过程中未能幸遇足够多的传统建筑施工现场,对传统匠师的访谈数量有限,而且有些传统匠师由于多年未操其业,凭借记忆的口述内容本身存在着凌乱、含混,有时甚至前后矛盾,加之作者的专业知识和交流、理解能力的不足以及对匠师的方言表达可能存在误解,仅凭口述资料进行研究容易导致讹误和偏颇。为了保证研究的正确性,作者注意将匠师的口述资料和现存实例相互对照验证,采信与现存实例基本吻合的口述资料作为研究的主要依据,对不吻合或者不清晰、不合乎逻辑的口述资料,作者也在文中一一指出,收录存疑以备来者。

3. 注重在全面性的基础上总结特征和规律

本研究调研范围面广量大,基本做到了基础资料的全面性。在具体研究和写作的过程中,作者努力运用类型学和统计学的方法对各地或各部件的技艺特征作出归纳和总结,并注意将规律性、结论性的论断都建立在检视过所有基础资料的基础上,并根据符合与否的统计结果指出该论断适用的地域范围和普遍程度。对多种技艺做法并存的情况做到逐一归类列出,并按其普遍程度区分主次;对没有明显规律、缺乏足够统计分析案例的部分技艺做法不作强行归类和总结。

4. 以建筑部件划分章节

本书调研过程是按地区展开的,最初的调研报告也以地区划分。由于各地传统建筑技艺的做法存在着很多共通之处,有些部件的技艺做法虽然存在着明显的地区间差异,但不同部件的技艺分野往往很不一致,为了避免过多的重复以及强行分区带来的缠杂不清,作者在书稿写作阶段决定以传统建筑部件作为划分章节的依据。在对每个部件的具体论述中划分其做法的分野,并在最后的结论中将上述各种部件做法的分野进行总结,以期获得苏北传统建筑技艺整体的大致分区。

5. 以技艺的客观记录为主,以文化及观念形态的议论为辅

本书研究建立在对传统建筑及建筑匠师的调研基础上,所以主要内容均以对苏北传统建筑技艺的客观记录为主。但技艺尤其是传统技艺又不完全是一种单纯的技术,不但其内容本身包涵了风水、禁忌等传统文化的内容,而且其产生、传播、变迁的整个过程都受到社会经济基础、文化背景和制度观念的制约,一言以蔽之,即技艺是建筑文化的基础部分,是和观念形态相交织的社会生活的有机组成部分。所以本书在客观记录传统建筑技艺的基础上,对作者认识到的其在社会文化及观念形态上的渊源和意义进行了一定的阐发和议论,虽不免浅陋,但反映着作者基于历史和文化的思考。

第一章 营造程序及风俗礼仪

第一节 择址、定向

　　传统建造活动的第一步就是请风水先生看风水,相宅基。风水术一般认为坐高朝低、依山面水、近水向阳为吉地。苏北以平原水乡为主,建房择址的首要条件是地势要相对较高,以免水患,一般选择于地势较高的"墩"、"垛"(往往也是前代屋基遗址)上建房,所以许多村庄地名即以"墩"、"垛"命名。无高地则人工积土为高地。在苏北泰州、淮安等水乡地区,选址后第一件事是"杠土",即从别处挑土覆于拟建屋基上抬高地势,一般春天杠土,经过一段时间的自然沉降密实后,在秋后农闲开始建造。一般认为择址于河流的内湾(河套)处可聚气聚财、人财两旺,有所谓"十湾九富"、"十湾九财主"之说,所以苏北以"湾"、"套"为名的村庄也十分常见;而择址外湾则不吉,因河作为龙、弓,在其脊背上建房会因弓的张弛、龙的伸腰而使房屋和房主不稳,人财荡光。河流入海入湖和小河流入大河处,俗叫"刿口"、"河汊",这里是蛟龙入海、入湖处,在此建房建村落,如龙得水,前程无量,人财两旺,地名中的"口"、"汊"等均为历史上的刿口河汊。苏北山区建房,讲究建在山洼沟涧,到处都有"窝"(建于山窝)、"巷"(建于沟涧)为名的庄子,而在山梁上建房叫"骑龙"或"骑龙脊",不稳固,有谚曰"十个骑龙九个坑(破败之意)"。

　　基址选定后,风水先生还要确定房屋朝向。苏北传统民居确定朝向时一般按"负阴抱阳"的原则坐北朝南,但又不是正南,而是南偏东 2～15 度左右的"太平向"。因为风水术认为只有皇宫、官府衙门和庙宇的方向可以依正子午(南北)向和卯酉(东西)向,即皇历上所谓的"大利南北,不利东西"或"大利东西,不利南北"。而普通民居若朝正南反而不吉利,所以稍偏一点,不妄图大利,只求平安免灾,故俗称"太平向"。苏北的太平向多为东南,而苏南则多为西南❶。在此大致的东南向范围内还要注意不能对着附近的坟头、茅厕等不吉的物事。风水先生标明确定的朝向的方式一般为立两根木桩,以木桩间的连线表示房屋明间纵向中轴线,所以海安地区称确定朝向为"扽门线"。

---

　　❶ 江苏省地方志编纂委员会.江苏省志·建筑志.南京:江苏人民出版社,2002。本章引用部分以该书第二章"生活习俗"之第三节"建房"的主要内容为基础,摘录其中与作者对苏北各地工匠及居民访谈调研符合的相关内容,并根据调研结果适当加以增减修改而成,特此说明。

民间建房十分重视与相邻房屋在位置、高矮及向度上的关系,要求相互协调、合乎情理。平行相邻的房子,必须在一条线上,俗叫"一条脊"或"一条龙"。若是错前了,在徐淮叫做"错牙",认为会使小孩不安;扬州略不同,一般平行,亦可比东邻房子稍后些,俗谓:"东家向前,西家向后"。平行房屋一般高低相同,若高低不同,叫做"高的压了低的气",被压的人家会人财不旺,故建房高度约定一般高❶。

第二节　平土、打夯

在基址杠土自然沉降一段时间后,一般在秋后农闲时开始正式建造程序。

建房先须延请瓦工、木工,苏北多数地区称"请工"。请工时,主人要带上薄礼到工头(一般为瓦工,也有木工作头的)家中商谈,再由工头约请其他瓦工、木工、漆工等。报酬方式一是"点工",工匠吃主家三餐,外加"小日中"、"下午"两顿非正式餐(淮安等地称"夹档",一般是馒头等干粮点心),另付报酬;二是"包工",主家不招待,完工后按预定的总额付酬。在延请工匠的同时要请风水先生择定破土兴工的日期。农村多在秋后农闲时的黄道吉日,而市镇不论季节,只要黄道吉日即可。今多为农历双日,尤喜逢"六",但忌"十四"。

兴工的第一步工序是瓦工平土,即初步平整、夯实建筑基址,苏北多数农村称"打石滚子"。石滚子是一种用于碾碎稻谷的瓜楞圆柱状的石制农具,此时用于打夯。在淮安等地,打石滚共 13 个人,大杠 8 个,小杠 4 个,1 人喊号子,由下午开始(晚上点马灯、夜灯照明)到第二天早晨结束。打夯的人一般为亲朋好友,不要钱但吃主家五顿饭,称"五顿子"。下午一顿正餐,吃馒头,意味"吞吞起",中间一顿夹档(非正餐,为点心一类),午夜 12 点再一顿正餐、一顿夹档,至第二天早晨为最后一顿正餐,吃汤圆,意味实在圆满。一般打夯只要打足遍数就算完工,不管土是否平实,所以农村房子地面经常下沉。

第三节　放线、定平、盘磉

基址平土后,木工根据风水先生确定的"门线"和主家提出的开间、进深等要求开出丈杆,用丈杆开始放线(淮安地区称"框线"),确定柱线(即柱、墙轴线)、柱位,以木桩或竹桩打进四角土中标示位置。木桩宜柳树忌用桑(与"丧"同音)、槐(与"坏"同音)。扬州等地还在桩上裹以红纸或红布。框线之后就开始定水平。苏北绝大多数地区以"水盆抄平",方法是以木盆(一般用较大的澡盆)盛满水,置于基址中心;在房屋平面对

❶　江苏省地方志编纂委员会.江苏省志·建筑志.南京:江苏人民出版社,2002。本章引用部分以该书第二章"生活习俗"之第三节"建房"的主要内容为基础,摘录其中与作者对苏北各地工匠及居民访谈调研符合的相关内容,并根据调研结果适当加以增减修改而成,特此说明。

角线的木桩上拴一根线,通过水盆上方。水面上覆一张大红纸,用两根等长的柴棍(芦苇棍)垂直立于线下的纸面两端。调整线的两端位置,使其正好通过两根柴棍的上皮,即为水平线。在部分地区随即举行"镇宅"仪式,即在未来主屋地基的正中挖一小洞,洞内埋一块石头,或一块玉,或银元铜钱(带吉利字眼),或米面茶盐等。也有在地上插五条七八寸长的桃符木,然后烧纸燃放鞭炮。框线、定平后,即须搁置柱下磉石(淮安称"盘磉",南通称"平磉")。在磉石位置开挖方坑,平面尺寸为磉石一倍,深度挖到老土为止,坑底打碎石一层,打夯拎高过膝七次,再在上面砌砖墩至地平标高(即磉石的下皮标高),在砖墩上摆放磉石。淮安风俗在盘磉时,明间东南角的磉墩内会放置铜钱、茶叶、米等以求吉利。

第四节 架料、上梁

在盘好的磉石上,木工开始架料。在泰兴等地,木匠第一步首要先将做主梁的木料做好,开工日锯去一小截,是为"断木墩"仪式。锯下来的一截木头用红纸包好,供于家祖架上,称"主木"。然后制作排山,包括柱、梁以及各种穿枋;最后上檩条(苏北方言又称檩条为桁条、梁),其中脊檩(泰兴等地称"正梁")的安装,即苏北通称的"上梁",在传统建造过程中是最重要的仪式。

上梁需择吉日。有的请阴阳先生推算吉日,有的以月圆、涨潮之时为吉辰,有的查皇历定日子,1950年代后普通人家多选双日,一般选夏历逢"六"的日子,绝不选"十四"。

上梁在主屋举行。时间一般在寅时、卯时。上梁前在主屋墙上悬挂米筛,米筛上拴镰刀、尺、镜子、秤杆等物。秤取"称心如意",余皆驱邪之物。上梁须先"请梁",即将梁架于主屋内的木架(凳)上,主家向大梁行礼,称"拜梁"。拜梁后在中梁正中贴写有"福"或"福禄寿"字的红纸(称"红字方")(图1.1),在其他梁、柱或门上贴"上梁喜逢黄道日,竖柱正遇紫微星","青龙盘玉柱,彩凤绕金梁",横批"姜太公在此,百无禁忌","×年×月×日大吉大利,万事如意"等。接下来是"暖梁"(又叫"浇梁")。木匠或瓦匠

图1.1 南通南关帝庙巷22号油漆红字方

以主人递给的"暖梁酒"浇到梁上。从梁的小头浇往大头,一边浇一边说"鸽子"(喜话)。扬州、姜堰叫"照梁",其意是借日月之光,驱走妖魔鬼怪,以保主家新宅平安。边照边说喜话:"一照金梁玉柱,二照金玉满堂,三照喜报三元,四照四四如意,五照五路财神,六照六六大顺,七照天献七巧,八照八仙聚会,九照九天同庆,十照十全十美。"扬州由木匠点燃刨花在梁下来回照,边照边说喜话。其时"半边人"(夫妇有一方去世者)不能在场。姜堰以尺余长的红纸捻子蘸豆油点着照梁,同时还要拿一面箩筛筐子,立面贴上红纸作照妖镜,和火捻一起照梁。照梁完毕再在梁上红字方两侧扎两只红绸彩球,称"刨梁"。

将梁提上山墙叫"系梁",忌说"吊梁"。扬州俗,木匠站在东山墙上,瓦匠站在西山墙上,瓦匠、木匠将"龙绳"(系有红带子的麻绳)放下,让主人接住,并捆住正梁。在鞭炮声中,瓦匠、木匠徐徐将梁往上提,主人在下用竹篙顶。各地系梁时皆说喜话,道"好"。

紧接着的是"安梁"。将梁的两头对准中柱上的榫头,用"千斤锤"(木制锤)敲几下即可将梁安好。扬州俗,当正梁即位后,木匠就用千斤锤一边敲一边说起"鸽子"(喜话)来:"日出东方喜洋洋,我为主人砌华堂;东面造的金银库,西面筑的积谷仓,千棵柳下拴骡马,万棵桑上栖凤凰,凤凰不落无宝地,状元出在你府上。"瓦匠在另一头也用瓦刀边敲边说:"今日吉时上金梁,金梁架在金柱上,金柱上面挂金榜,主家中了状元郎,飞来玉龙盘金柱,落下凤凰栖中央,紫金梁上金花插,荣华富贵进华堂。"❶

梁安好后,木匠高喊"好,恭喜主家",主家乐得喜笑颜开,放鞭炮庆贺。鞭炮声中,瓦匠、木匠在木梁两端插上金花,悬挂千斤锤、红布。安梁完毕,"掌墨师"(木工头儿)口涌吉祥辞令,在梁头上向主人"献宝",屋主人则在下面"接宝"。各地的"宝"不尽相同,有镯头、簪儿、内嵌元宝铜钱的糕饼等。"献"的方式有的是抛下来,有的以红绳吊下来。"接宝"的方式有的以衣兜接,有的以红被面接,有的则以手接。无论什么方式,主人都要接到宝,免得财气跑掉。主人接宝,表示领受鲁班祖师的赏赐❷。

"抛梁"是上梁时闹喜的一种形式,在献宝结束后进行。屋主人事先蒸好许多糕饼(取高升、圆满之意,其形有圆、方、菱形,并用糕模染红,印出各种图案,今用馒头代替),由匠人从屋梁上抛洒下来。同时抛洒的还有糖果、钱币等。抛洒下来的物品必须从梁上滚下来,故抛梁又名"滚梁"。抛梁使喜庆气氛达到高潮,参加上梁的众亲友在下面抢宝,俗信抢到者会交好运❸。

海州俗,为了驱邪求吉,抛梁结束后,屋主人请工匠手拿五尺杆子(俗叫"量天尺"),从中梁上走一趟,此为"踩梁"。踩梁是建房中驱邪力最高的动作,主人不惜花钱,因为这种动作危险大,匠人如果没有十足的把握,是不会踩梁的。上梁如果遇到雨

---

❶❷❸　江苏省地方志编纂委员会.江苏省志·建筑志.南京:江苏人民出版社,2002。本章引用部分以该书第二章"生活习俗"之第三节"建房"的主要内容为基础,摘录其中与作者对苏北各地工匠及居民访谈调研符合的相关内容,并根据调研结果适当加以增减修改而成,特此说明。

淋最高兴,泰兴等地称"珍珠抱梁",他地有谚"有钱难买雨浇梁"、"雨浇梁头,吃穿不愁"❶。

上梁是建房的一件喜事,亲友近邻要来贺喜、帮工、出贺礼。贺礼件数要成双。扬州俗,女儿女婿要挑礼担前来祝贺,礼品有金花、红烛、鞭炮、红布(红被面)、鱼、肉、糕、馒等。上梁结束,主人给工匠喜钱,当日办"上梁酒"款待诸工匠和亲友近邻。兴化俗,破土兴工和上梁要请至亲好友前来帮工,未邀或邀而不到者,被视为交恶的表现。南通、泰兴等地俗,上梁过程中,匠人门互相招呼、配合,均讲"行话"(又称"切口"),如斧头叫"代富",绳索叫"千金",梯子称"步步高"❷。

上梁之后还有一个重要的程序是"挂线、倒正"。即用砖吊线检验排架中各构件是否垂直于地面,若有歪斜,需要矫正。在挂线、倒正之后,在柱间钉上"八字拉杆"固定排架。

第五节　砌墙

木工架料完毕后,瓦工即开始砌墙。有数进房屋的住宅,后进房一般高于前进房六寸或一尺六寸,此为"步步高"。今建房尺寸皆大于旧时,但为数大多还带个"六"字。

砌墙首先挖墙脚槽(淮安称"开脚"),并将槽底夯实(俗称"打夯"、"打硪"),有些大房子还在槽内打桩基以求加固。各地往往放置一些财物以图吉利。徐州是将五谷和柴灰撒在槽内,边撒边喊:"五谷丰登,财气有余。"扬州、连云港、苏州等地则是在四个角上各放一枚铜钱,是为"太平钱",寓意四平八稳。有的地方放"金砖",即屋主用红纸包八块砖,于四角各放两块,砖下放太平钱,以求财源茂盛。然后先砌基础墙(盐城、淮安称"脚子"),脚子根据地基情况和房屋大小深浅不同,淮安地区农村普通民宅往往只砌两皮砖脚子,其上再砌正身墙。

砌土墙的方法主要有两种。一是以土坯垒墙;二是采用版筑法。后者是将调好的软泥塞入两块夹板中,再以木锤捶打结实。土墙是贫苦农民住宅普遍采用的。稍富有一点的人家则用砖石砌墙脚(俗称"四角硬"),或砌半截矮墙,其上再垒以土坯。

市镇居民和农村中的富户基本上砌砖墙。经济条件好的人家整砖砌到顶做清水墙。一般的人家砌成空心墙(又叫"嵌空夹皮墙",内外用砖但中空,填以碎砖石块)、里生外熟墙(墙外壁用砖,内壁用土坯)、斗子墙(砖头侧立而砌,中空省砖)、玉带围腰墙(砌几层乱砖再砌一层整砖)、单砖墙。

连云港、徐州等地的山区居民就地取材,开山凿石,以石块砌墙,或以石块砌墙脚,上面砌砖墙。

---

❶❷　江苏省地方志编纂委员会.江苏省志·建筑志.南京:江苏人民出版社,2002。本章引用部分以该书第二章"生活习俗"之第三节"建房"的主要内容为基础,摘录其中与作者对苏北各地工匠及居民访谈调研符合的相关内容,并根据调研结果适当加以增减修改而成,特此说明。

图1.2　连云港南城镇侯府正屋门东侧的天香庙

市镇房屋一户挨着一户,为防邻家失火(泰州及里下河地区俗称"走水")殃及自家,有的将山墙砌成风火墙(又叫"风火山"),即从屋檐到屋脊处的山墙高出二三尺。

砌墙时留下门窗位置。扬州等地的富有人家以砖石砌门楼。在门槛两侧及门楣的上方两侧要各放两枚太平钱,以使进出门都太平。门的高度和宽度都要逢六,如门宽一般为二尺六寸六或三尺二寸六,门高一般为六尺六寸或六尺二寸六等。江都绍伯镇门的尺寸比较特殊,民谚曰:"二尺九,五尺九,红白喜事都能走。"连云港安装门楣时要说喜话道"好":"四大金刚托玉板,好。九个仙女系金绳,好。八仙安好太极图,好。四平八稳向阳门,好。"❶海州建主屋时,在门左边墙上留一个向外开的长方形小洞,上端修饰成楼阁檐形,此为"天香庙",中供三元大帝,亦有供姜子牙或天帝神灵,求其保佑家人平安发财(图1.2)。

第六节　盖屋顶

上梁后要经过"晒梁"方可盖屋面。晒梁是为了"聚阳气"。徐州上梁后,匠人休息一二日以晒梁,而海州则在上梁日午后开始盖屋面,并争取当日盖好,无论盖好与否,当日工匠们必须在新屋内吃饭。当天夜晚屋主人或长子必须住新屋内,是为"压房"❷。

盖房子包括钉椽子、铺"望"、盖顶、做脊等几道工序。扬州俗,每个房间的椽子数只能逢单,因为要避鲁班乳名"双子"之讳,否则认为房子容易倒塌。椽上铺"望"。因经济条件不同,望有芦苇望、望砖、望板之分。淮安望上盖顶。

屋面材料主要为瓦或草。今有水泥平顶屋面。传统瓦皆为弧形薄片,民国年间出现长方形大瓦(俗称"洋瓦")。今两种瓦兼有,以传统小瓦为多。今苏南全部为砖瓦房;苏中基本为砖瓦房,草房偶见;苏北农村多数为砖瓦房,草房为数仍不少。

盖屋顶中最重要的是做屋脊,俗称"压脊"。屋脊做得好坏与否,不仅关系中梁的保护、两面坡屋面的牢固,而且由于处在整个房子的最高处,事关房子的美观与吉祥。瓦屋压脊,一般都在脊上做点花样求美求吉,扬州称此为"做吉"。通常屋脊两角翘起,尤以南通和泰州以东的苏中地区,屋角翘得最高。屋脊角饰上,有的为瓦花"福禄寿喜

❶❷　江苏省地方志编纂委员会.江苏省志·建筑志.南京:江苏人民出版社,2002。本章引用部分以该书第二章"生活习俗"之第三节"建房"的主要内容为基础,摘录其中与作者对苏北各地工匠及居民访谈调研符合的相关内容,并根据调研结果适当加以增减修改而成,特此说明。

财"等字样,有的嵌以雕花青砖,有的为变形如意、"卐"字、书卷,有的为堆灰浮雕或彩绘。泰兴、江都、泰州、邗江一带的"龙脊头"以瓦花堆砌、镂空、敷彩为特色,兽形、花卉、字纹均有,富于写实。靖江一带的"孵鸡头"和苏州做法相仿,以黑白分明的云纹、回字纹和砖雕,表现出一种古朴、庄重、威严的风格。屋脊的中段一般平伸无装饰,有的人家则做"脊花"。如以瓦花饰成莲花或万年青形,以"堆灰"发塑制花卉、瑞兽和吉祥字纹,还有的人家彩绘驱邪戟、阴阳图、八仙器具等。淮安地区的传统做法在屋脊正中用砖砌成方形盒子,中空栽一盆万年青,以兆年年发禄。扬州俗,瓦匠上最后一片脊瓦称作"合龙口"、"闭龙口",这时要说"鸽子",主家赏喜钱,接着瓦匠向脊中心的空斗内放豌豆、稳子、铜钱,其意为"安稳"、"发财"❶。

第七节 禁忌和厌胜❷

建房忌讳很多,犯了忌讳,俗信于屋主人、家庭成员以及房屋本身都很不利。如建房忌"前大后小",因形类棺材,又不聚气。四合头和大院落住房,其左右厢房数不能多过前后房子间数,最忌前后房缩嵌在厢房以内。同一住宅,忌厢房高于主房、前房高于后房,包括屋脊高度和地面高度,此为"奴不欺主"。

在宅基的地势上,要求前低后高,民间称作"阳宅",主吉。如果前高后低,则为"阴宅",主凶。如果两头高中间低,俗称"小鬼挑担子",主凶。如果中间高两头低,俗称"小鬼抬轿子",也不吉利。

旧俗为使房屋聚气,后墙不开窗。门则有四忌:忌用桑木,因桑丧同音,喜用楠木、柳木、榆木、椿木做门;忌用铁钉拼板合缝,只能用竹签,再以横木加固,因门上有钉被视为"关门钉",会使家中人丁不安;横木根数忌三、五,只能是四道或六道,四四如意,六六大顺,而三、五是"三煞"、"五鬼把门"。忌用内穿榫,横木穿榫要一半嵌在门板内,一半露在门外,如穿榫全部插入板内叫"穿肠过肚",屋主会遭凶事。相距不远的房屋之间,门窗所向忌讳很多,概括言之为"四不冲":门与窗不能相对(即相冲),此为"大眼瞪小眼",梁架会不睦,又会害疮;门不对烟囱,传说烟囱是黑煞神,对着不吉;门不对屋爪(即屋脊两端),民间视屋脊为龙,屋爪为龙爪,门对着屋爪,龙爪会入门抓人;门不对路头、巷口和水沟头,认为路、巷、水沟是支暗箭,不仅会冲走财气,还会伤丁。类似忌讳,今信者渐少。南通等地考究的人家在建房时必须注意所有的用料均须按自然树木的生长规律,树根在下,树梢在上,否则认为不吉,称"瓦房三间,不用倒木半寸"。

俗信在建房过程中,工匠采用厌胜(包括语言、动作、物品),可使屋主人蒙受灾殃。扬州一带称"作法",南通称"作破",苏北称"使惹殃"。如果屋主人在地方上有民愤,或

❶❷ 江苏省地方志编纂委员会.江苏省志·建筑志.南京:江苏人民出版社,2002。本章引用部分以该书第二章"生活习俗"之第三节"建房"的主要内容为基础,摘录其中与作者对苏北各地工匠及居民访谈调研符合的相关内容,并根据调研结果适当加以增减修改而成,特此说明。

者对工匠招待恶劣,有意欺侮,工匠们就会采用厌胜来报复。常见厌胜有:①"小牛拉车"。以木制小牛拉车模型,藏在门上墙内,牛头向外拉车的,能把家中财气拉走,屋主家业破败;而牛头向内拉车的,能把外边的财气拉进来,主人就会发财。②"门下独木桥"。在门槛踢脚石下边留一洞,洞内放一碗水,水碗上横担一只筷子,能使主人睡觉做噩梦,疑是睡在悬河的独木桥上。③"门槛钉橛"。在门槛正中心钉下一只竹筷,或铁钉、木橛子,叫"穿心钉",使主人家人丁不旺。④"置三煞"。在中梁上钉三根铁钉,再扣上三条黑线,叫"黑三煞",能使屋主人死亡。⑤"设忌标"。设置犯忌讳的恶性标记,比如在姓朱家的左边路旁掘水塘,取名磨刀塘,寓意"磨刀杀猪"。⑥"斩地龙"。俗以涧沟、土岭为地龙,能使某家发旺,夜间在龙身上插一把铁锹,或挖条横沟,就能把地龙斩断,使某家由旺变衰。厌胜不能让别人知道或看见,一旦泄露就不灵验了。民间关于厌胜的传说,形象生动,活灵活现,是一种精神上的威胁力量。

第二章　大木技艺研究

第一节　大木体系的划分——正交梁架和三角梁架

本章讨论的梁架是传统木构建筑主要的木结构骨架,即一般所谓"大木作"的主体部分,一般由柱、梁、桁及连机、穿枋等木构件组合而成。在传统的古建筑研究方法中,大木体系区分为抬梁(苏北多见)、穿斗(苏北最常见)、井干(苏北未见)三大结构体系。但从本次调研的结果看,苏北传统建筑的各种不同梁架构造方式远非这三种体系所能全面概括。根据作者的研究,在大的梁架体系分类中,苏北传统建筑可以大致分为"正交梁架体系"和"三角梁架体系"两大类。

所谓"正交梁架体系",是中国古建筑最为常见、分布最广的结构系统,其主要依靠垂直于地面的柱(包括童柱)和平行于地面的梁承受屋面檩条处的集中荷载,梁和柱彼此间正交。因横剖面类似"立"字,故在苏北灌云、宿迁一带称"立字梁",作者为规范起见,命名为"正交梁架体系",包括通常所称的"抬梁"和"穿斗"两种结构体系。根据朱光亚先生在《中国古代建筑区划与谱系研究》中的界定:"穿斗体系中柱(落地柱和童柱)直接承檩,即檩是落在柱头上而不是落在梁头上的","叠(抬)梁则是柱托梁、梁托檩,檩没有落在柱头上",作者再在"正交梁架体系"中区分了"正交穿斗体系"和"正交抬梁体系"。

而"三角梁架体系"是苏北以徐州、连云港为中心的北部地区以及山东部分地区常用的梁架形式,其和"正交梁架"的主要区别在于使用了平行于屋面坡度的大斜梁(徐州部分地区称为"人字叉手"或"大叉手",响水等地称"梁股"或"梁膀"),屋面檩条全部搁置于大斜梁上,而大斜梁开榫嵌固于最下一根大梁之上,构成了刚性的三角梁架,内部辅以童柱、横梁,整体搁置于柱或承重墙上,因其横剖面类似"金"字(人字头代表大斜梁),宿迁、灌云一带称"金字梁",作者命名为"三角梁架体系",以与"正交梁架体系"相对应。

上述梁架体系的差异是本书划分苏北传统建筑区系的主要依据(图 2.1)。

一区——通扬泰穿斗梁架区

以正交穿斗体系为主,另有少量正交抬梁建筑,但没有三角梁架,在地域上包括了长江以北至盐城、建湖、宝应、金湖一线。

二区——淮安抬梁梁架区

以抬梁体系为主,另有少量正交穿斗建筑,但没有三角梁架,地域上以淮安为中心,包括阜宁、涟水、沭阳、泗阳、泗洪和盱眙。

三区——徐海三角梁架区

以三角梁架体系为主,另有少量正交梁架建筑,地域上包括徐州全境、宿迁、新沂、连云港全境、响水、滨海、射阳。

需要指出的是,正交梁架体系的影响范围覆盖整个苏北,在三角梁架区的少量官署、寺庙和大富之家的民居,也采用了正交梁架。而抬梁和穿斗的划分也不是绝对的,对一些传统的重要城镇,往往两种方式并存。

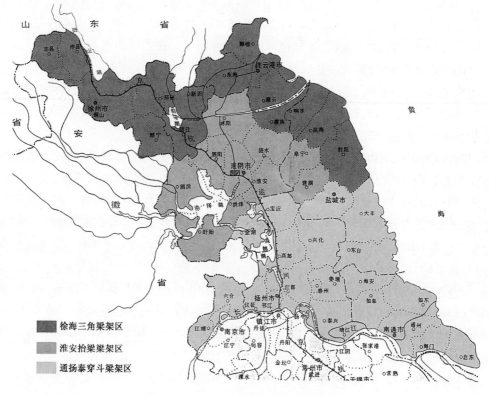

图2.1　苏北大木梁架体系类型分区图

第二节　营造用尺和丈杆

苏北各地传统营造均用木工尺,一般通称"九五尺"。所谓九五尺,是指木工尺一尺的实际长度(32.0厘米)约相当于现行市尺一尺实际长度(33.3厘米)的九五折,而市尺又正好是老尺(35.5厘米,苏北通称"老尺")的九五折(匠师淮安黄世勋、大丰王定靖、海安陆良甫、东台杨增龙俱持此说)。这和清代度量衡的营造尺是吻合的，不同于《营造法原》通用的鲁班尺(1 鲁班尺＝27.5 厘米)。而同时有些匠师如大丰王定靖、海安陆良甫称木工尺的分(0.32 厘米)和英寸的分(1/12 英寸＝0.21 厘米)一样，这就十分难解，匠师们的木工尺又因多年不用而遗失无寻，只能暂且记录存疑。

苏北各地，一般木工用的尺子长度为五尺(匠师海安陆良甫、淮安黄世勋、连云港孙广所持此说)或六尺(东台杨增龙、大丰王定靖持此说)。海安陆良甫称之为"丈杆"，谓两倍即一丈，故名丈杆。东台杨增龙和大丰王定靖也称之为丈杆，谓木匠一般用杉木制作的六尺长的丈杆，出门时将刨子、斧子、墨斗、尺、手钻等都别在锯子上，然后挂在丈杆上背着。夜间行走可壮胆，打狗、打"鬼"。淮安地区(匠师黄世勋等)、泰兴俗称之为"五尺"，谓五尺就是人高，木匠随身携带用于打草打狗、走夜路打鬼防身。连云港俗称之为"量天尺"，也是木工随身携带的必要工具。东台做家具的木匠用一尺长的毛竹制作的尺(匠师杨增龙)；淮安瓦匠一般也用一尺长的尺(匠师黄世勋)。

在苏北各地传统营造活动中也用《中国木建筑木作营造技术》中所说的"丈杆"进行建筑度量，但除泰兴外均不称"丈杆"，且更加简化，海安称"广丈"、淮安称"柴棒丈"或"呆棒子"("呆"发音为"皑"，固定不变的意思)、大丰称"硬尺"、东台称"顶竿"。丈杆一般是木工与主家商定好各间开间、进深尺寸(详见后文)后用竹竿(因竹竿较长、简单易用)或杉木(如泰兴的丈杆、淮安的柴棒丈)制作。一般其长度等于明间面阔(仅大丰的硬尺长度为总面阔)，在其上标注内容一般仅限于开间、进深，而不标注柱位、柱高、柱径、榫卯位置等详细尺寸。瓦匠和其他工匠从此丈杆上过尺寸，淮安亦称"过丈杆"，南通地区瓦匠使用的过来的丈杆长为三尺(据此理解该丈杆的作用仅限于确定平面的大尺寸，难以控制详细尺寸的一致，似乎不甚合理，但各地工匠众口一词，而丈杆临时制作，完工后随即废弃，也无法找到实物求证，只能记录存疑)。

苏北各地的营造活动，于 1960—1970 年代以后，普遍使用钢卷尺，上述各类营造尺、丈杆等亦逐渐不用，所以本次调研中尚未发现营造尺和丈杆的实物。

第三节　房屋尺寸权衡

苏北现存古民居大多为明构和清构及更晚一些的遗存，其单体规模一般均为三间五架和三间七架。之所以如此，主要是受到明代森严的礼制限制。明洪武二十六年定制，"庶民庐舍"，"不过三间五架，不许用斗拱，饰彩色"(《明史·舆服志》)。洪武三十五年规定，"庶民所居房舍、从屋虽十所二十所，随所宜盖，但不得过三间"(《明会典·礼部十六》)。至正统十二年放宽为"庶民房屋架多而间少者不在禁限"。明清以降，虽然禁令日弛，风气渐侈，但民间普通房屋仍以三间五架和三间七架为主，偶见"明三暗五"的五间民宅，以及六架和用轩的八架、九架房屋(取决于轩廊的实际草架檩数)。

一般苏北城乡建房，平面尺寸根据主家经济条件和用地范围的不同而不同，但又有一定的规律。

海安传统民居开间尺寸按鲁班尺谱(陆良甫师父也未见过),讲究逢"六"吉利。一般农村住宅开间分大六、小六。大六明间一丈四尺六寸(1.46 丈),房间(次间)一丈二尺六寸(1.26 丈)。小六明间一丈四尺六分(1.406 丈),房间一丈二尺六分(1.206 丈)。更小的房间可以用一丈零六寸(1.06 丈)。近代以后开始用八尾,如现在房间常用一丈三八(1.38)。一般五架梁房屋(指五檩房屋)的通进深尺寸和明间开间尺寸相同,而七架梁房屋再在此基础上加前后拔插(即单步梁)的步距。檐高过去较矮,七架梁房屋檐高最高用七尺六,最低五尺八,中间可用六尺六、六尺二等,而最常用的檐高尺寸是七尺二。据称七尺二(约 2.30 米)是鲁班尺的最常用尺寸,床的长度和棺材的长度都是七尺二,不知果否?

淮安传统民居的主要尺寸也全部用"六"为尾数,分小五路(即五檩)和大七路(即七檩)。明间面阔小五路用一丈零六至一丈六,大七路用一丈二六至一丈八六,最常用一丈二六。房间开间最大不超过一丈一六,一般七尺六,最小六尺六。进深最小的一丈零六,最大的一丈八六,基本等于明间面阔。城乡都少楼房。檐高六尺六至一丈三六,以一丈一六的最为普遍。民间楼房一般上层七尺高,下层八尺高。

南通三间民房一般为 4.2、4.5、4.2 米。进深即称进深,一般 5 米。

泰兴一般檐高(当地称"掀檐")一丈二尺,矮者用九尺,现在一般 4 米。

东台明间面阔一丈二六、一丈三六、一丈四六、一丈四八。房间开间七尺六至一丈零六。面阔一般城里小(因人口密集、土地紧张),农村大。农村五架梁居多,通进深以明间面阔见方为度,檐高一般九尺六或一丈零六。城里七架梁通进深以明间面阔加前后两插计算(一般前后插进深二尺二至二尺八,尾数要缝双),檐高七尺六或八尺六。

大丰传统民居一般明间面阔一丈四六,房间面阔七尺六或七尺二。檐高店铺一般七至八尺,普通住宅六尺多至七尺多。

响水明间一丈一,房间九尺,高一丈一六。不一定尾数是六。

连云港开间一般房间六尺六,六尺二也有,比较少。明间称"当间",根据条件最多一丈二,少的七至八尺。进深根据富裕程度不同,七、八尺至一丈多。檐高一般老尺七至八尺高。

第四节　正交梁架样式

"一缝梁架",即"在一纵线上,即横剖面部分,梁桁所构成的木架"的基本形式,《营造法原》称为"贴",明间缝称"正贴"、山墙缝称"边贴"。苏北南通称"排架",海安称"兆架",淮安称"国排梁",泰兴称"穿山"(其中明间缝称"正山"、山墙缝称"边山")。本节讨论的梁架样式是指一缝梁架的柱、梁与檩的组合方式,即《营造法原》所谓的"贴式"。

苏北民间传统建筑一般通进深以五檩、七檩为主,淮安分别称为"小五路"和"大七路"，而泰兴等多数地区则称"五架梁"、"七架梁"。一般而言，七檩房屋规模较大、等级较高，一般城市多、农村少，富家多、贫民少，正房多、配房少(《明会典·礼部十六》)。而在梁架样式的组合变化中，五檩房是研究的基型，七檩相当于在五檩的前后各加一步。由于苏北各地用词各有差别，暂以扬州称谓来叙述。

一、主要的梁架样式

苏北各地传统建筑的梁架样式虽然多种多样，但按照类型来分，可以归结为主要的四种类型，即步柱造、金柱造、中柱造、五(七)排柱，以及徐州等地常见的檐柱造。在此基础上，各地传统匠师根据实际使用的不同需要加以变化，创造了"秤钩梁"、"金童落地"等丰富多彩的梁架样式❶(图 2.2、图 2.3)。

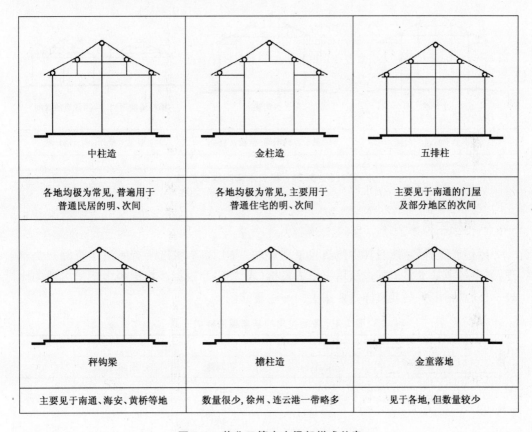

中柱造	金柱造	五排柱
各地均极为常见，普遍用于普通民居的明、次间	各地均极为常见，主要用于普通住宅的明、次间	主要见于南通的门屋及部分地区的次间
秤钩梁	檐柱造	金童落地
主要见于南通、海安、黄桥等地	数量很少，徐州、连云港一带略多	见于各地，但数量较少

图 2.2　苏北五檩大木梁架样式总表

---

❶　"步柱造"、"金柱造"、"中柱造"为扬州匠师称谓，由潘德华先生提供。"五(七)排柱"是南通匠师称谓，由陆惠银等提供。"秤钩梁"是海安、黄桥等地称谓，由陆良甫提供。"金童落地"称谓借用自《营造法原》，"檐柱造"为作者根据扬州匠师称谓自行命名。用于山面的金柱造和中柱造被淮安匠师黄世勋等分别称"龙门山"和"排山"。

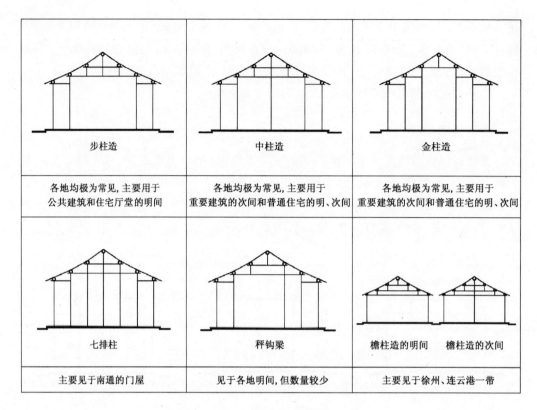

图 2.3　苏北七檩大木梁架样式总表

二、梁架样式规律初探

经作者调研,并抽取其中传统建筑遗存较多的 12 个城市所有所见建筑的归类整理,列出各地基本梁架样式使用习惯的表格(表 2.1)。根据表格中各地使用习惯的比较,可以总结出一些梁架样式使用上的一些规律。

表 2.1　各地习用的基本梁架样式一览

地　区	公共建筑和住宅厅堂		普通住宅		附注
	明间缝	山面缝	明间缝	山面缝	
扬　州	步柱造 柁梁四界为限	多:中柱造 少:金柱造	多:中柱造 少:金柱造 少:步柱造	多:中柱造 少:金柱造	五柱落地 极少见
南　通	步柱造/通过梁 (多为圆作), 四界为限 五柱落地(多扁作)	中柱造/鹞子梁 (圆作)	多:五柱落地 (多扁作) 少:步柱造 (多圆作)	中柱造/鹞子梁 (圆作)	门屋极喜用 扁作五柱 落地造
海　安	多:步柱造/大过梁 少:中柱造	中柱造	多:中柱造 少:金柱造	中柱造	五柱落地 未见

续表 2.1

地　区	公共建筑和住宅厅堂		普通住宅		附注
	明间缝	山面缝	明间缝	山面缝	
泰　兴	步柱造	多:金柱造 少:中柱造	多:金柱造 少:步柱造	中柱造	
高　邮 兴　化	步柱造	多:金柱造 少:中柱造	多:中柱造 少:步柱造	中柱造	
大　丰 东　台	步柱造(多圆作) 中柱造(多扁作)	中柱造	多:步柱造 少:步柱造	中柱造	
淮　安	步柱造,多为四界、 有六界柁梁	多中柱造/排山 少金柱造/龙门山	步柱造	多:中柱造 少:龙门山	
宿　迁	步柱造,四界	多金柱造/龙门山 少中柱造/排山	三角梁架		
徐　州	步柱造,多六界	多:六界步柱造 少:中柱造	三角梁架		
连云港	步柱造,较多六界	多:金柱造 少:步柱造	三角梁架		

(注:表内各栏斜线后的名称为各地地方称谓)

　　苏北各地传统建筑中,步柱造都是一种较正统、规制较高的梁架样式,通常用于公共建筑、住宅厅堂的明间,偶尔也用于普通住宅的明间,这和各地匠师的叙述是基本一致的。步柱造的优点在于落地柱较少,明间和次间的联系方便,可以扩大室内空间,所以使用步柱造的厅房一般均不作隔间板壁。

　　在南通、海安至东台、大丰的沿海一线,似乎有在明间使用中柱造的传统,在南通甚至有所有五(七)柱落地的明间做法,而且在明间尤其是厅房明间使用中柱造的一般多用扁作梁,年代也以早期建筑为多(如南通掌印巷、冯旗杆巷明代民居,东台富安明代民居等),似乎可以说明该地区传统上是以扁作穿斗体系为主(关于穿斗、抬梁的概念,下文将有论述)。可以作为辅证的是,在上述地区普遍称梁为"川"或"插"。

　　其他苏北南部如扬州、泰州、高邮、兴化等地虽然在大式建筑和厅堂中不用中柱造,但在普通住宅的明间也有使用中柱造的传统。但在中部的淮安无论建筑规制高低、精致或简陋,极少在明间使用中柱造。再北面到宿迁、淮安、连云港等地普通建筑以三角梁架为主,正交梁架相对规格较高,其明间则绝对不用中柱和金柱造,而一律使用步柱造,且单根柁梁的跨度常常达到七檩。作者认为这可能反映了南方穿斗的传统在徐州以北已经消失,而以三角梁架和抬梁正交梁架为主。

　　中柱造在苏北各地都普遍地运用于山墙梁架,作者认为这是因为中柱造中柱直接承檩,山面各柱之间的拉结较多,利于抗风,所以在山墙面得到了广泛的运用。需要注意的是在徐州、连云港地区中柱造即使在山面梁架中也没有表现出主流的地位。

三、抬梁、穿斗的再认识

按照现代结构理论,抬梁、穿斗和三角梁架的受力特点截然不同。为便于揭示三者的差别,作者均以普通民居最基本的五檩梁架为对象进行研究。

五檩抬梁结构的基本形式是柱上架五架梁,梁上架金童柱,金童柱上再架三架梁,三架梁上再立脊童柱。按照以朱师光亚为代表的多数学者的观点,抬梁结构的基本特征是梁承檩,即除脊檩的集中荷载由脊童柱柱头承托外,其余各檩的集中荷载均由梁承担。按照现代结构理论,脊童柱轴向受压,并将压力传递到三架梁中点;三架梁两端承受金檩的集中竖向压力,中点受脊童柱的集中压力。如果把金童柱头看做是三架梁头的理想支座,那么金檩的竖向压力直接通过梁头传递到金童柱头,即两端的压力的方向直接指向支座,力矩为零,所以,金檩的压力对梁身而言不产生弯矩;而仅脊童的轴向压力作用于三架梁中点使梁身受弯。五架梁的情况亦是如此,仅承受金童柱的压力受弯。所以,抬梁结构的主要受力特点是五架梁、三架梁受童柱压弯,而檩的荷载对梁本身几乎没有影响。

五檩穿斗结构的基本形式为五柱落地,柱头承檩,而梁插入柱身。根据上述分析,同理可以得出梁身既不受弯,也不受压,如果不考虑梁身自重就相当于现代结构理论的零杆,其主要作用是拉结柱子,增加结构稳定性,而不是主要的结构构件。穿斗构架中,如果局部有柱不落地而采取童柱的形式落于梁身之上,其下梁则因此而受弯。

根据上述分析,我们可以得到结论,无论是梁承檩还是柱承檩,檩对梁的受力均没有影响,而影响梁的受力情况的只有其上是否"抬"童柱以及童柱的多少。作者认为"抬梁"和"穿斗"的区别主要在于是否有一个起着主要结构作用、承托较多数量童柱(或者可以理解为较多的屋面均布荷载)的受弯的主梁,而柱承檩或梁承檩只是节点榫卯做法的区别,并不能作为判断的依据。从这个意义上说,对同样檩数的建筑而言,抬梁结构的落地柱要远远少于穿斗。

事实上,苏北各地的传统匠师并没有抬梁和穿斗这样的概念,所谓的抬梁和穿斗只是在柱、梁、檩的节点榫卯的做法上有所区别而已。淮安匠师将柱止于梁底,梁承檩的做法叫"凳榫",而将梁承檩,柱亦升至檩底,梁插于柱头内的做法叫"清榫"。徐州匠师将后者称为"带夹",就是说柱开卯口夹住梁头,也是指榫卯的做法。作者拟专文讨论,此处不再赘述。

第五节　正交梁架大木做法

一、柱的做法

苏北各地的传统建筑中,各地对具体位置柱的称呼各不相同,有时甚至十分混乱,但柱的做法却基本一致(表2.2)。

表 2.2　各地柱的名称对照表

《清式营造则例》	《营造法原》	南通	泰兴	大丰	淮安	海安	东台
檐柱	廊柱	檐柱	檐竖	壁柱	檐柱	边柱	檐柱
外金柱	步柱	前:廊柱 后:二柱	廊竖或步竖	抱柱	金柱	金柱	正步
里金柱	金柱	金柱或三柱	脊竖			金柱	
明间中柱	脊柱	脊柱	中竖	中柱	中柱	中柱	中柱
山缝中柱	脊柱	脊柱	中竖			中柱	
脊瓜柱	脊童	脊童(或上童)	童竖	童柱	脊瓜	童柱	童柱
金瓜柱	金童	金童(或下童)	童竖		瓜柱	童柱	

1. 柱的断面、收分和卷杀

　　柱的断面一般均为圆形。用方柱的情况一般是用于走廊的檐柱,尤以角柱往往为方形或抹角方形断面(图 2.4)。扬州汪氏小苑秋嫭轩全用方柱,作者以为可能是因为秋嫭轩为女眷居室,用方柱以示天圆为阳,地方为阴之故(图 2.5)。在早期建筑中,部分柱的断面形式或有八边形、抹角八边形和瓜楞形,如明代建筑泰兴黄桥镇何氏宗祠的明间前檐柱用抹角八边形柱(图 2.6),东台富安镇明代王氏甲住宅的明间前檐柱用八边形柱(图 2.7),南通天宁寺天王殿和金刚殿室内用瓜楞束柱(图 2.8)。苏北多数传统建筑的柱身一般均不施雕饰,而早期建筑也有在柱头雕刻瓜楞座斗的实例(图 2.9),童柱则以瓜楞坐斗、荷叶墩、宝瓶等施以雕刻装饰,十分华丽(图 2.10、图 2.11)。

　　普通的落地柱的柱身一般均有上小下大的直线收分,这是根据天然柱料根部大顶端小的自然收分。扬州一般收约 1% 左右,南通普通民居柱头直径 150～180 毫米,柱脚直径 180～200 毫米。童柱高度较矮,断面收分一般很大,但多数地区也是呈直线收分,扬州一般殿堂瓜柱用二八收(即收 20%),民房用三七收,乃因民房童柱高度小于殿堂。但自宿迁以北至徐州、连云港地区,不论正交梁架还是三角梁架,童柱均呈明显的纺锤形收分。除了部分早期建筑外,柱头一般不做卷杀。

图 2.4　泰州高港区孙家花楼廊下转角方柱

图 2.5　扬州汪氏小苑秋嫭轩室内方柱

图 2.6   泰兴黄桥镇何氏宗祠明间八角檐柱

图 2.7   东台富安镇王氏甲宅明间八角檐柱

图 2.8   南通天宁寺天王殿瓜楞柱

图 2.9   泰兴黄桥古风广场某宅柱头连座斗

图 2.10   泰兴黄桥镇何氏宗祠宝瓶脊童

图 2.11   东台富安镇王氏甲宅童柱瓜楞坐斗

2. 柱的安装、拨脚和装饰做法

落地柱的下端入柱础时，偶有做类似管脚榫的实例，但一般均不做榫而直接搁置于柱础之上。淮安匠师称当地尚有侧脚做法，淮安称"拨脚"，柱子安装就位后，将柱脚向外拨出，一般柱高一丈拨寸分(即约一寸左右)。

童柱又于梁上时柱脚开榫，表面一般不做处理，但在部分早期的建筑中也有雕刻成鹰嘴(图 2.12)、桃叶(图 2.13)、花篮(图 2.14)等图案的实例。扬州工匠称当地童柱做法比苏州讲究，一般苏州童柱下端多卷杀，而扬州童柱均直接开口叉于梁上，选材时要根据梁用料大小选用童柱料，使童柱底径同梁径，方能严丝合缝(图 2.15)。而各地遗存的明代建筑往往在童柱下用荷叶墩，或者不用童柱而直接用荷叶墩加斗拱承托上方梁檩。

图 2.12　淮安秦焕故居东轴的鹰嘴瓜柱

图 2.13　黄桥何氏宗祠门屋的桃叶尾瓜柱

图 2.14　东台富安镇卢氏住宅花篮尾瓜柱

图 2.15　扬州个园住宅部分的瓜柱

二、檩和檩垫

桁檩是古建大木四种最基本的构件之一(柱、梁、枋、檩)。《中国古建筑木作营造技术》称："桁与檩名词不同而功能一样，带斗拱的大式建筑中，檩称为桁，无斗拱大式或小式建筑则称檩"。在苏北各地，对檩的称谓不一，南通称"梁"，从上至下称正梁(脊檩)、上架梁、(上、下)中架梁、下架梁(檐檩)；也称"桁"，从上至下为正桁、二桁、三桁、步桁、檐桁。楚州、盐城、泰州一带通称"桁条"，但"桁"读若"行"。扬州、泰兴、徐州等地也称"檩"。

1. 檩断面和檩径

在苏北绝大多数地区的传统建筑中,檩一般断面均为圆形,但在檩下有垫枋搭接往往会在下皮刨出一个平面。苏北传统民居的檩径(直径),一般草房用 10~12 厘米,瓦房用 16~20 厘米。总体而言,房间面阔即檩条的跨度越大,檩径越大。南通木匠中流传口诀"寸对豁",即檩条围径的寸数相当于椽子的豁数(一豁即一档椽距,也即近似于一块望砖的长度,约 200~220 毫米不等,一般豁数为 17~23 的奇数,保证底瓦坐中),以 19 豁椽为例,面阔 19×200 毫米 = 3 800 毫米,檩的围径即 19 寸,直径为 6.25 寸即 19.4 厘米。

民间营造受用材和工限限制,檩一般以自然木料为基础稍加砍刨,所以两端直径粗细不一,有时差距甚大。用檩的尺寸权衡均以细端(即自然树木的上端)为准,明间用檩较讲究,一般两端直径差应控制在三分(约 1 厘米)以内,而房间(次间)则可稍大。挑檐檩扬州称"挑檐枋",在淮安及其以南地区断面绝大多数为方形,考究的在底面上作出琴面,甚至刻海棠线;但自宿迁以北直到徐州等地则断面多为圆形,连云港则二者兼有。

2. 檩的排列规律

由于檩两端直径不一,或者说由于木料有本末之分(即树根和树梢),所以在苏北各地安檩的方向均有讲究。多数地区讲究明间檩条大头(即根部)必须朝东(一般称上手位),而两侧房间檩条大头则一律朝向明间,即向内,厢房的檩条大头一律朝向正房(一般均朝北)。在南通地区,除了上述排列方法外,还有一种特殊的"鱼吃水"做法,即各架正桁(脊檩)根部都朝东,而二桁(上金檩)朝西,三桁又朝东,依此交替排列。从结构上看,"鱼吃水"的做法避免了檩条较小的断面集中在一个方向,受力更加合理,应是工匠总结经验后的改进。

传统民居一般每间用一根檩条,但在大丰、东台一带,当房间面阔较小和木料长度够长时,也有两间(必须是明间和西房)共用一根檩条,称"连二桁条",甚至三间共用一根檩条,称"连三桁条"。

3. 檩下连机和短机

苏北传统建筑中,一般在檩条下皮用通长的木枋辅助檩条受力,木枋两端插入檩下柱内。此木枋即《营造法原》所称的"连机",在苏北南通称为"子梁"(即小梁之意)、海安称"替枋",扬州称"垫枋",淮安称"垫牵",东台称"替梁枋"。檩下常用的构件还有不通长的短替木,即《营造法原》所称"短机",南通称"替木",海安称"短替",楚州称"羊尾子"或"替木",东台称梁托。

连机和短机分布的位置和数量呈现出一定的规律,如淮安地区习用"满梁满牵",即每根檩(梁)下均用连机(垫牵)(图 2.16~图 2.18),少数简陋民居为节约材料,也有短垫枋的(当地称羊尾子)(图 2.19),但特点是每根檩下均有连机或短机,淮阴苏皖边区纪念馆同志介绍,这是淮安地区一大特点,原因是桁条用料较小,加垫牵可以增加荷载能力,应是正确的解释。一般七檩枋金檩下的垫牵下设挂灯笼用的铜或铁钩,故又称"亮牵"。

图 2.16　淮安府衙大堂室内梁架

图 2.17　楚州秦焕故居梁架

图 2.18　楚州河下镇周恩来故居梁架

图 2.19　楚州县东街某民居梁架

　　扬州地区则习用"七梁五垫三道花"的做法,即七檩房屋用五道连机(垫枋)、三道椽花板(详见第三章第二节)。一般规律是脊檩、前后步檩和檐檩下用连机,金檩下一般不用连机。如汪氏小苑树德堂后一进、个园住宅某进、南门明清街某宅。扬州这一做法影响范围甚广,向北一直到淮安为止(图 2.20～图 2.22)。

图 2.20　扬州汪氏小苑住宅檩架

图 2.21　扬州个园住宅檩架

　　南通民居主要建筑的明间一般檩下全用连机(子梁),若不全用,则一般于檐檩和步檩下用连机,脊檩和金檩下用短机。而房间通常均用短机(图2.23～图2.25)。

　　海安民居也通常明间用连机(替枋),而房间用短机(短替),但脊檩下一定要用连机。

图 2.22　高邮南门明清街某宅檩架

图 2.23　南通冯旗杆巷 26 号第二进明间梁架

图 2.24　南通冯旗杆巷 26 号第二进次间梁架

图 2.25　南通冯旗杆巷 21 号第二进明间梁架

　　一般而言,连机虽是考究的做法,但通常素面不施雕花,只偶尔雕二龙戏珠。而短机则有素面及雕刻线脚的繁简程度不同,考究的七架梁还在短替木下施挂"鱼斗"(即丁头插棋,可能因常雕刻成鱼形而得名)(图2.26～图2.32)。

　　总体说来,苏北传统民居建筑在经济合理的前提下十分注重明间装饰效果。所以,通长连机虽然结构作用最大,但用料较多,所以一般多用在明间重要部位如脊檩、步檩,而短机多用在明间次要部位和次间,

图 2.26　南通南关帝庙巷 22 号花机

其中明间短机多雕刻成花机,而次间短机多素面。从实际调研的结果看,往往用料越大、时代越早建筑用连机的数量越少,可以反证连机的作用是辅助脊檩承受屋面荷载。

图 2.27　东台富安贲氏明代住宅第一进花机

图 2.28　扬州个园住宅花机

图 2.29　兴化刘熙载故居花机

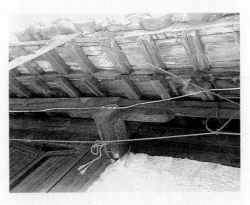

图 2.30　楚州秦焕故居檐下花机

图 2.31　徐州云龙山兴化寺某殿花机

图 2.32　南通冯旗杆巷 21 号门屋花机

4. 檩和檩、连机、替木间的榫卯做法

檩和檩的搭接有三种做法，淮安、盐城、南通一带多用"燕尾榫"（东台、大丰、响水一带称"鱼尾"），也有更简单的"巴掌搭"（淮安称"抓斗搭"），此外海安还有更复杂的"下巴榫"。但三种搭接榫卯（工匠习称"公母"）都必须是明间檩条两端出榫（工匠习称"公"）在下，而房间檩条靠明间一端开卯（工匠习称"母"）盖于明间檩条之上。

连机插入柱中可不作榫，亦可作燕尾榫。山间短机直接插入柱头内，而明间短机一般是两侧连作，即柱两侧明间和房间的短机是一根通长木料架于柱头开口之上。若明间用连机而房间用短机，则往往也是一根木料连作。素面短机一般用料断面约 4 厘米×6 厘米，长约二尺四寸；雕花短机用料稍大，断面约 6 厘米×10 厘米，长约三尺二寸。连机、短机和檩下皮之间均用替木桩（直榫，断面约 1.5 厘米×4 厘米）拉结。

第六节　金字（三角）梁架作法及研究

"三角梁架"是作者对徐州、连云港一带习称的"金字梁"作法的规范化命名，以强调其相对于抬梁和穿斗的"正交梁架"的体系上的差别。三角梁架在苏北的分布范围大致相当于清代徐州府、海州直隶厅和淮安府东北一带，所以作者称之为"徐海三角梁架区"，在本节关于三角梁架的专门论述中，作者仍沿用徐海地区居民的惯用称呼"金字梁架"。

一、金字梁体系基本形式及其变化

金字梁得名于其屋架部分的轮廓和形式类似于汉字的"金"字，是徐海地区居民对本地常用屋架的最常见的俗称，与此相对应，抬梁、穿斗屋架一般俗称"立字梁"或"工字梁"。在形式上，金字梁区别于立字梁的主要特征是使用两根成"人"字形交叉的大斜梁，并由此而带来了包括柱、檩在内的整个木构体系在结构和构造上与抬梁、穿斗体系的巨大差异。为叙述方便，我们把屋架部分称为金字梁、抬梁、穿斗，而将包括柱、檩、屋架在内的整个木构体系称为金字梁体系、抬梁体系、穿斗体系。

徐海地区使用范围最广、数量最多的金字梁形式如图 2.33 所示，由于其普遍用于大户人家住宅以及普通住宅的明间，所以作者称之为"标准金字梁"。标准金字梁架由四种构件组成，由于苏北各地对其称呼差别较大（表 2.3），为便于

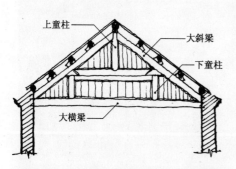

图 2.33　海州南城东大街某宅明间剖面

理解，作者根据古建筑习用的命名规律分别名之为大斜梁、大横梁、小横梁、上童柱、下童柱。

表 2.3　金字梁架通用名称与地方名称对照表

通用名称	徐州名称	连云港名称	响水名称	宿迁名称
正交梁架	抬梁式	立字梁		立字梁、工字梁
三角梁架	重梁起架式	金字梁、人字梁	金字梁	金字梁、人字梁
大斜梁	大叉手、人字叉手	梁把子	梁股、梁把	
大横梁	一梁	梁底	横担、躺梁	
小横梁	二梁	横柱子		
上童柱	站人	立直梁		
下童柱		瓜柱子		
檩下垫块	麻子	蛤蟆	梁节子	

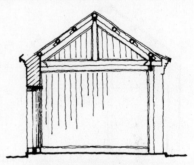

　　各地常用的还有一种简单的金字梁,只用大斜梁、大横梁和一根童柱(图 2.34)。由于该形式主要用于普通民宅以及重要建筑的山面缝,所以作者称之为"简单金字梁"。

　　"标准金字梁"和"简单金字梁"通用于苏北各地的传统建筑,在数量上占绝对优势,是金字梁架的两种主要形式。此外,在部分地区的一些建筑中,还可以看到上述二者的四种变化形式。

图 2.34　灌云板浦大寺巷
某宅门屋剖面

1. 增加前后梁步

　　实例主要见于新沂市窑湾镇。窑湾曾为运河沿岸的重要码头和砖瓦产地,其传统建筑以"标准金字梁"为主,部分重要建筑增加前廊以满足实用和美观的需要。如主要商业街道中大街两侧的传统沿街店铺,为利客商挡雨遮阴,而在"标准金字梁"之外普遍增加前廊,表现为两种方式:一种最普遍的做法是增加廊柱承托双步梁(图 2.35 之 a),另一种更巧妙的做法是用悬挑的双步梁承托出檐,梁后尾穿过柱子伸入室内,以吊柱压在大横梁之下,再辅以斜撑加固(图 2.35 之 b)。大型建筑如窑湾西大街某庙宇,则前后各加一檐柱承双步梁,以扩大使用面积并增壮丽(图 2.35 之 c)。

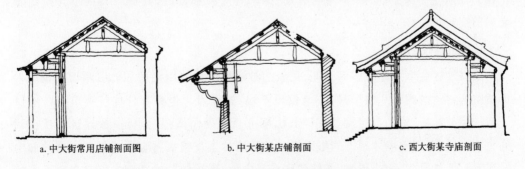

a. 中大街常用店铺剖面图　　　　b. 中大街某店铺剖面　　　　c. 西大街某寺庙剖面

图 2.35　新沂市窑湾镇加前后廊步的金字梁建筑三例

2. 增加挑檐

实例主要见于徐州户部山民居。徐州户部山民居常在明间的门窗洞口使用宽阔的挑檐,其主体结构方式也是"标准金字梁",而在明间两檐柱外增加插枋和颇具古风的多层插拱以承托挑檐檩(图2.36)。

3. 使用落地中柱

实例主要见于宿迁民居的山缝梁架,而明间梁架均为"标准金字梁"。其做法是在承托脊檩的大斜梁下使用中柱落地,而大横梁一分为二插在中柱上,与穿斗和抬梁

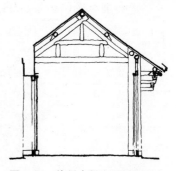

图2.36　徐州户部山民居剖面一

体系中的山面"中柱造"做法极其类似(图2.37)。中柱造在淮安称"排山",是淮安、宿迁正交梁架建筑的山柱缝普遍使用的形式之一。金字梁架的使用地域以宿迁为南界,其南淮安为完全的抬梁、穿斗体系,其北窑湾、徐州的普通民居则明显以金字梁架为主,而宿迁本地在传统建筑中三种构架方式并存,数量上难分伯仲,表现出明显的过渡性。使用中柱的金字梁架可以看成是"简单金字梁"和"中柱造"正交梁架的结合,也是宿迁传统建筑的过渡性的一种明证。

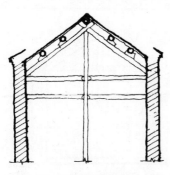

图2.37　宿迁新盛街某宅山架

二、金字梁体系各部做法分析

苏北金字梁体系包括檩、柱、金字梁屋架三大部分,其中檩直接承受屋面椽望的均布荷载,并将其转化为各檩位的集中荷载,向下传递给屋架;柱是梁架的支座,将屋面荷载最后传递到地面而完成受力过程。金字梁屋架是金字梁体系的结构核心,也是其区别于抬梁体系和穿斗体系的主要特征,其独特的形式决定了柱和檩不同于抬梁、穿斗的常规做法。分析这三部分,尤其是金字梁屋架的技艺做法和受力特性是我们理解金字梁与抬梁、穿斗的区别,探求其起源和发展,并进一步揭示其文化意义的前提。

1. 柱、檩技艺研究

徐海地区金字梁建筑多为三间,正统的做法每缝均使用梁架和前后两檐柱构成木框架结构,俗称"四梁八柱",具有"墙倒屋不塌"的优点。也有部分传统建筑在山墙缝不使用梁架和柱,檩条直接搁置在砖石山墙上,称"硬山搁檩"。极少数建筑即使在明间也不用柱,在夯土墙体顶端的垫梁板或砖石墙体上直接搁置金字梁架。徐州户部山民居砖石墙体厚50～60厘米,木柱包砌在墙内称"擎梁柱",故在室内外完全看不到柱子(图2.38)。由于大横梁端头插入墙内,即墙体也承担部分屋面重量,所以擎梁柱的

结构作用削弱,断面直径小至 12～15 厘米。户部山民居的山墙内早期也有擎梁柱,稍晚出现断面半圆的半柱,后期虽也有硬山搁檩,但考究的硬山搁檩做法还是会在山墙上贴很薄的假梁柱。

图 2.38　徐州户部山民居室内梁架

　　形成上述不同用柱作法的决定因素是经济条件。硬山搁檩在唐代以前的北方建筑中极为普遍,到宋以后全木构房屋逐渐增多,硬山搁檩的做法逐渐从官式建筑中消失。但在徐海等北方地区,由于墙体材料砖和土较木材价廉易得,部分普通民居限于经济条件必须就地取材,所以直到清末还在自发地沿用硬山搁檩的古制❶。而户部山民居多是财力雄厚的官宦富商宅邸,可以不受材料限制而尽量模仿官式建筑,所以用全木构的金字梁,且构件硕大、加工精细以示正统和体面。这种经济实力影响建造技艺的现象同样体现在檩和其他梁架构件上。

　　金字梁架中的檩搁置于大斜梁之上,所以除脊檩和檐檩外,没有如抬梁和穿斗梁架那样檩条和柱绝对一一对应的关系,一般分布均匀,檩距较小而檩数较多。如响水等地金字梁的进深用桁条数(即檩数)来确定,普通民居一般从五路桁条(即五根桁条)至十一路桁条都有,以七路、九路居多,桁条的间距通长很小,约 30～50 厘米。计算路数时前后檐墙正上方(称墙口)无论是否用桁条(有封檐墙可不用桁条)均不计算在内,如以七路桁条、桁间距 50 厘米计算,即进深为 8×0.5 米 = 4 米(图 2.39)。而如图 2.38 所示的徐州户部山民居的金字梁架,檩距较大且和童

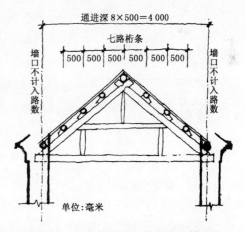

图 2.39　响水某宅剖面及进深计算方法

❶　傅熹年.中国古代建筑史(第二卷).北京:中国建筑工业出版社,2001

柱成对位关系,亦可视为官宦住宅追求正统化的表现之一。

多数金字梁架的檩条均为经刨光髹漆的直身圆料,檩径约15～25厘米,在架檩时明间檩条讲究直径较大的檩料根部朝东,两侧房间的檩条讲究根部朝向明间。但若材料所限没有直径或跨度合适的单根檩条时,也用并置的数根小料甚至不加工的细弯木棍充当檩条,这是斜梁架檩使用有木垫块的节点做法带来的自由度。

为斜梁架檩容易下滑的问题,金字梁架普遍在檩条下方的斜梁上使用木垫块(徐州称"麻子"、连云港称"蛤蟆"、响水称"梁节子")。木垫块用铁钉(传统上为手工打制的方钉,称"梢子钉",稍晚使用上下两头尖的枣核钉)钉于斜梁之上,其作用一方面是防止檩条下滑,同时通过调节垫高以适应粗细不同的檩条(图2.40)。

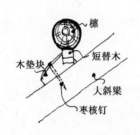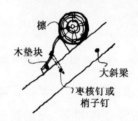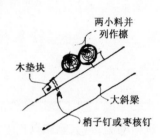

图 2.40　斜梁搁檩节点做法三种

2. 金字梁屋架节点做法及其受力特点研究

金字屋架的各种形式与穿斗和抬梁的区别,带来了节点做法,尤其是大斜梁和大横梁构成的三角形稳定结构的节点做法,在总体上区别于抬梁和穿斗,在内部又有地域的差别。

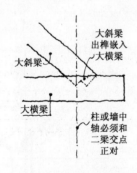

图 2.41　斜梁入横梁节点

大斜梁是金字屋架不可或缺的特征构件,也是承受屋面荷载的主要构件。大斜梁的下端开榫嵌入大横梁梁端,这是各地一致的做法,仅有少数建筑在开榫嵌固的同时用铁扒钉拉结二者。在做法上,榫窝一定要位于墙或柱的中心轴线上,以利斜梁的压力直接传到墙或柱上(图2.41)。

大斜梁的上端和脊檩、童柱交接,其节点构造方式按地区分为两种,相应地也影响到金字梁架的受力方式分为两种。

第一种构造方式是两根大斜梁以或简或繁的榫卯交叉拉结并出头(图2.42之a、b),脊檩搁置于梁头构成的凹槽内,而上童柱插入斜梁下方。这种做法使用的地域包括徐州、赣榆、滨海、响水、阜宁、射阳、宿迁等地,作者暂称之为"斜梁承脊檩"。

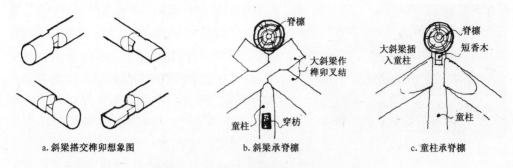

脊檩

大斜梁作榫卯叉结

童柱　　穿枋

a.斜梁搭交榫卯想象图　　　　　　b.斜梁承脊檩

脊檩

大斜梁插入童柱　　短香木

童柱

c.童柱承脊檩

图 2.42　斜梁、脊、童柱交接节点做法二种

当采用"斜梁承脊檩"做法时,大斜梁是屋架唯一的承重构件,承受所有檩条的荷载,并产生侧推力。由于大斜梁入大横梁的榫窝位于柱、墙的中心线上,大斜梁侧推力中的竖向分力直接作用于大横梁的支点即柱顶或墙顶上,对大横梁的力矩为零;其横向分力的方向和大横梁的轴线方向重合,力矩亦为零。所以大横梁实际不受压弯,而只受轴向拉力,其地位和所需的用料均逊于大斜梁。传统工匠虽然没有结构计算理论,但在长期的实践中总结出了这一规律。如徐州有"穷梁富叉手"之说,意即大斜梁(徐州称叉手)的断面要大于大横梁的断面,而该地晚期的简陋房屋甚至只用一根铁条代替大横梁。由于大斜梁和大横梁已经构成了承受屋面荷载的稳定三角结构,其间的小横梁、上童柱、下童柱等可基本认为是零杆,其结构作用甚微,主要是起到增加结构稳定性的拉结作用,所以在许多讲究实用的民宅中,这三种构件的断面均很小(图 2.43),在赣榆县黑林镇大树村的刘少奇故居中甚至完全不用(图 2.44)。

另一种是以上童柱承脊檩,而大斜梁插入上童柱上端柱身内(图 2.42 之 c)。这种做法使用的地域仅为连云港、灌云之板浦(宿迁亦见一例),作者暂称之为"童柱承脊檩"。

图 2.43　响水某宅梁架

图 2.44　赣榆黑林镇刘少奇故居梁架

图 2.45　连云港南城镇某宅梁架

当采用"童柱承脊檩"做法时,童柱承受脊檩的集中荷载,而小横梁也因此承受中柱的部分集中压力,再传至下童柱,最后落于大横梁上。尽管其主要的结构构件仍然是大斜梁和大横梁,但童柱等单纯的稳定构件过渡为结构构件之一,不再是可有可无的。大横梁除了受拉外也开始受到轻微的由下童柱产生的压弯。所以在连云港的金字屋架中,童柱、小横梁的断面相对滨海、响水一带要略大(图 2.45)。

综上,我们可以看出金字梁屋架的结构原理类似于近现代的三角桁架结构,拉杆的出现使其具有很高的力学合理性,从而明显不同于穿斗、抬梁结构以受压和受弯为主的受力特点。

三、金字梁架的文化意义初探

1. 金字梁架起源于中华民族的独立创造——"大叉手"结构

金字梁架的外形和受力方式与西方三角木屋架有着诸多相似之处,但并非是受到后者的影响,而是起源于古老的大叉手结构,其历史比西方三角木屋架要早数千年。三角屋架因其良好的结构稳定性,成为东西方建筑在漫长历史发展中的共同选择之一。

西方 1570 年代,意大利文艺复兴时期的著名建筑师帕拉第奥在其著作《建筑四书》最早提出了三角木屋架的简单形式,这种屋架后来因其中央立柱名为"King post"而得名为"King post truss",恰巧也可音译为中文"金式屋架"。此后,又出现了使用两根稳定柱的三角屋架,被相对应的称为"Queen post truss"。在上述两种屋架的基础上,美国人 William Howe 于 1840 年代发明了首先运用于桥梁的"豪式桁架"(Howe truss),后来运用于屋架而成为对现代建筑影响巨大的"豪式屋架"(图 2.46)。豪式屋架在 19 世纪末和 20 世纪初开始传入中国,但早期主要是运用在北京、上海、广州等大城市和对外口岸城市的重要建筑中,其真正对中国大量性建筑产生影响是在新中国成立以后。

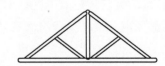

King post truss
图片来源:http://www.vermont timberworks.com/truss.html

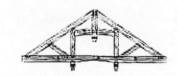

Queen post truss
图片来源:http://www.tex astim berframeofhouston.com/TimberTrusses.htm

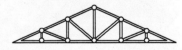

Howe truss
图片来源:http://ysa.engr.wisc.edu/pdfs/CommonTrusses.pdf

图 2.46　西方早期三角梁架形式

苏北金字梁架现存最早的实例是始建于明嘉靖十六年(1538 年)的徐州户部山崔焘故居,古建筑难免经多次修葺,木构亦在其中,但该金字梁虽不能确定为明构,至少应不晚于清乾隆末年(1795年)。而在苏北以及山东部分地区使用金字梁架的百年以上的传统建筑更是数量众多且分布广泛。对照上文西方三角屋架的发展历史及受力分析,苏北金字梁架分布并不与运河交通线重合,又不在口岸城市,缺少斜腹杆,缺少豪氏屋架的锯齿形节点,从这几方面分析可以推测金字梁架是中国本土上另有传承的一种合理的结构体系。

2. 从金字梁架推测"大叉手结构"演变的可能性

如果再将金字梁架和早期的地下遗址和文物上反映的建筑形象相比较,我们可以推断金字梁架的源头是一种得到学界公认的、中国古建筑早期的结构形式——"大叉手"结构。徐州地区称金柱梁的斜梁为"大叉手",即可作为这一推断的证据之一。受金字梁架的启发,作者在借鉴前人研究成果的基础上,大致可以推演出大叉手结构出现及其向抬梁结构演变的一种可能的过程。

根据前人研究,我国原始社会的穴居、半穴居建筑,是以天然树枝交叉架立并绑扎成屋面骨架的(图2.47)。至今,我们从金字梁斜梁梁头节点的做法仍然可以联想到绑扎屋面的形象。随着建筑由地面发展到地上,厚重土墙逐渐代替地面作为交叉树枝下部的支点以抵挡侧推力。此后,为了在结构跨度允许的范围内尽量扩大建筑面积以满足人口增长的需要,长方形平面的建筑形式逐渐确立了其主导地位,原始的叉手梁架相应地发展为多缝平行梁架、大叉手结构,至此梁架基本形成。由于大叉手构造简单、施工方便,所以在原始社会是"主要屋架方式,直至商、周的宫殿,仍然沿用"。夏商时,大叉手摆脱了绑扎节点而使用榫卯节点,所以屋架本身的坚实性大大提高。至周代,建筑屋面由"茅草变为陶瓦,使荷载增加,这对沿袭已久的斜梁式屋架带来了新的问题,并促使它……向正规的抬梁式木屋架转化"❶。苏北金字梁架斜梁、脊檩和童柱的两种构造方式"斜梁承脊檩"和"童柱承脊檩"为我们认识这一转化过程提供了一种假设的可能。

图2.47　原始社会半穴居复原剖图
转引自刘叙杰. 中国古代建筑史(第一卷). 北京:中国建筑工业出版社,2003

从构造方式上看,"斜梁承脊檩"似还残留着绑扎屋面的遗痕,更接近于大叉手屋架。而"童柱承脊檩"则更接近于抬梁和穿斗的脊檩承托方式,在受力方式上,斜梁的侧推力大为削弱,而横梁除了作为受拉构件也开始承担一部分屋面荷载,大大增强了结构的整体刚度。如果我们假设"斜梁承脊檩"早于"童柱承脊檩",那么童柱由斜梁之下上升到脊檩之下的过程就是增加屋面刚度,以抵抗瓦屋面荷载增加带来的大叉手侧推力的激增。如果将此过程推广,将苏北金字梁架的每个童柱均升至檩条之下(图2.48),那么其结果就和现存唐代遗构的梁架形式十分接近,大斜梁断裂为各檩之

---

❶ 刘叙杰. 中国古代建筑史(第一卷). 北京:中国建筑工业出版社,2003

间的叉手和托脚(图 2.49)。需要指出的是,由于大叉手结构本身的合理性,其向抬梁构架转变的过程十分漫长,而且在官式建筑中大叉手仍以大斜梁、斜昂、叉手、托脚等不同形式一直延续到元末(图 2.50),而在诸如金字梁等在北方民居和西南少数民族民居构架中则一直沿用到现在。

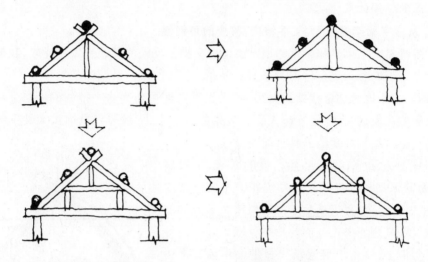

图 2.48　童柱上升、叉手断裂的演变假想

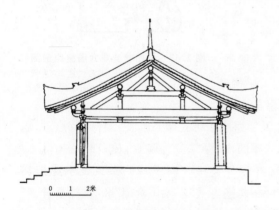

图 2.49　山西平顺唐天台庵大殿横剖面
转引自傅熹年.中国古代建筑史(第二卷).北京:中国建筑工业出版社,2001

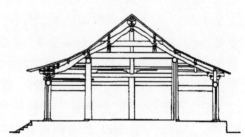

图 2.50　四川芦山青龙寺元代大殿横剖面
转引自潘谷西.中国古代建筑史(第四卷).北京:中国建筑工业出版社,2001

3. 其他值得研究的文化课题

金字梁架是中国早期建筑特征及其演变过程的"活化石",我们目前的研究目的主要是抢救传统建筑技艺,对其文化意义的研究还仅限于疑问和猜测,比如:

反映古老的"大叉手"遗制的金字梁架在江苏仅存于苏北徐海地区,而徐海地区以史前遗址和汉代墓葬为代表的早期文物遗存的数量也远多于江苏其他地区。这究竟是巧合还是必然,其历史原因如何解释?徐淮夷的势力范围曾经覆盖江苏长江以北的整个地区,如果假设大叉手是徐淮夷普遍的结构做法,那么为何在宿迁、盐城以南的广

大苏北地区却无一例金字梁架的出现?

　　徐海地区尤其是徐州的传统建筑除了使用大叉手外,斗拱、生起、屋脊等的技艺做法也表现出强烈的古风汉韵。尤其表现在斗拱的形式,除了民居中惯用的重拱挑檐外,即便是明徐州府文庙、清徐海道署这样的大型官式建筑上的斗拱也极大地区别于同时期的官式做法,而和汉代明器上所见的斗拱造型十分神似(图2.51、图2.52)。徐州地区屡遭黄河泛滥之灾,但为何一直保持着强烈的地方风格,而且这种风格带有明显的汉代特征?

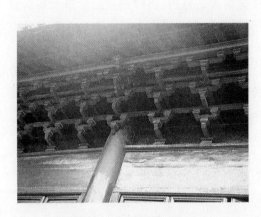

图 2.51　徐州府文庙檐下斗拱　　　　图 2.52　徐州户部山民居承托挑檐的插拱

　　诸如此类的问题,远不是我们这个科研课题所能给出答案的,唯愿能从我们的专业领域为关注和研究相关问题的专家学者提供一些素材和线索。

第三章　屋面诸作

苏北现存传统建筑在修建时代上均为明清以后,在屋面形式上以硬山为主。除淮安府衙大堂、二堂为悬山屋面外,民居中的砖屋面未见悬山,但传统上的草顶土墙房屋为防止雨水冲刷墙面均为悬山,现在赣榆一带尚有遗存。攒尖顶屋面多用于塔及各类亭子,卷棚顶、盝顶、盔顶等实例也仅见于极少数园林建筑。歇山屋面在苏北的寺庙、文庙等公共建筑和园林中较为常用,在民居中也有一定数量。由于本书是在对苏北传统建筑匠师和大量建筑调研的基础上研究传统建筑技艺,所以屋面部分以对硬山屋面的讨论为主,兼及部分歇山屋面的内容。

第一节　屋面曲面的形成:坡度、提栈、生起

1. 坡度和提栈

屋面沿横剖面方向的坡度,在南通、泰兴等地称"水线",是屋面形象的首要因素。在苏北各地的传统民间建筑(主要是民居)中,首先存在着屋面是否有举折或举架的区别,即屋面横剖面是一根直线还是折线的区别。需要指出的是,本书讨论的屋面横剖面以各架椽子连线为准,而主要不是指经过苦背调整后的瓦线。在时间上指新中国成立以前的传统民间建筑,因为 1960 年代以后苏北全境除南通部分地区外,所有的新建建筑均不作举折和举架。

在本书第六章划分的苏北四个传统建筑技艺分区中,徐海区、两淮区的传统民间建筑绝大多数没有举折和举架。在徐海区,即以三角梁架体系的地区中,由于大斜梁的存在,决定了屋面是一根直线,即没有举折和举架。而且这种古老的斜梁传统也影响了徐海区内和两淮区内使用正交梁架的建筑,绝大多数也没有举折和举架。其中徐海区的核心地区徐州的大木梁架本身的坡度(起架)约 30～35 度,两淮区的核心地区淮安的民居小瓦房坡度一般都是六分半,即约 33 度(图 3.1～图 3.4)。

在维扬区和通泰区内,则普遍存在着举折和举架的传统。但根据传统匠师习用的屋面曲线的确定方法,二者还存在着举折和举架的区别。通泰区的南通、海安、东台等地是按通进深先确定屋面总高,然后再进行举折。屋面总高的确定南通工匠按传统老话"加三提脊",即屋面总高相当于进深的 1/3(南通地区举架比较小的是早期的,清以后的较陡)。海安工匠一般平瓦(机瓦)用二五(正脊高度是通进深的 25%)、二八、三

图3.1　徐州户部山民居屋面

图3.2　宿迁新盛街民居屋面

图3.3　淮安周恩来故居屋面

图3.4　连云港碧霞宫三圣殿屋面

提，小瓦(蝴蝶瓦)用三提至三三提，草房用三五至三八提。东台屋面坡度要小一些，工匠一般按瓦房1∶3、1∶3.3；草房1∶2.8、1∶2.5控制坡度(称"槽势")。在屋面总高确定后，自檐柱头至脊柱头做一直线，然后再从上到下进行跌架(海安称"跌槽"，即宋式举折之"折"，或为又一古法遗存之证)。南通老话"跌金不跌步"，即金柱跌，而步柱不跌。但在近代实际操作中，步柱也跌2～3厘米，但跌的远比金柱5厘米少。所以，从室内看起来脊步坡度有突然变陡的感觉。海安以脊檩和檐檩不动，若五架屋则金檩(当地称"二梁")跌寸半(即一寸半)；若七架则金檩跌一寸后，步檩再跌半寸；九架则上下金檩均跌一寸(称"接二降一寸")，步檩再跌半寸(图3.5)。东台俗信槽势有"旺财"之意(泰兴、盐城等地方言称下凹曲线为"旺")，一般跌槽一寸余，同时檐柱的高度向上提，称"翘"，翘的目的一是旺财，二利于采光，一般也一寸左右，有"衣不争寸，木不争分"之说。泰兴等地做法也大致是举折的做法。

　　维扬区的核心地区扬州则采用举架做法。举架最重要的是起架(即檐椽的举架)，扬州地区雨水多，一般五五举至六举。对民居而言，无飞椽一般为五至五五举，有飞椽五五至六举。民居脊步举架不超过八，一般七至七五举。普通七架梁房屋的举架从下至上为五五举、六举、七举，所以实际观察屋架一般越向上举架增幅越大，脊步增幅似乎突变(图3.6)。举架完成后,扬州工匠在举架的基础上,还以跌槽大小进行复核以控制屋面曲线。复核跌槽的方法是从脊到椽头拉一根直线,举架后形成的曲线和该直线之间最大的竖向距离就是跌槽,七架民居的跌槽一般控制在10~15厘米,所以实际举架数也完全可以采用六二举等一些不规则数字,关键是屋面曲线要美观。扬州复核跌槽的方法虽然不同于举折的逐架计算跌槽,但至少可以证明举架受到更古老的举折影响。扬州地区的马头墙不论多高,其坡面举架都为五至六举,不能过大。

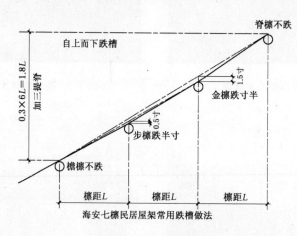

图 3.5　海安跌槽图

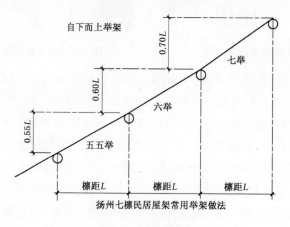

图 3.6　扬州举架图

2. 生起和屋脊曲线

在苏北各地的传统建筑技艺中,还有类似于宋式"生起"的古老做法,而且这种做法并不受到举折、举架与否的影响,广泛分布于南通、海安、淮安、徐州。

南通地区山面梁架(当地称排架)各柱均要高于相应的明间梁架各柱,当地称"撑(工匠读若'掌')山"、"撑檐"。所谓"撑山"是指山面的脊柱(当地称"山柱")要比明间的脊柱高出12~15厘米。所谓"撑檐"是指山面的檐柱要高出明间檐柱3~5厘米(南通古谚有"撑山不撑檐"一说，即各间的檐柱等高，檐口呈直线。但后代部分工匠认为檐口直线在透视时有两端低垂的不良感觉，所以山面的檐柱往往也要高于明间的檐柱）。山面排架脊柱、檐柱之间的各柱相应撑高，以形成优美的山墙曲线为准，同时房间檩条就微微向山墙斜起。因屋檐有下垂之弊，实际操作是檐也要撑一些，否则当面阔三间以上时，一般认为只有山墙排架撑山撑檐，其余不撑，但也有各排架依次生起的一说。撑山、撑檐之后，屋脊和檐口均明显起翘成优美曲线，屋脊比檐口曲度大，故山墙比明间屋面的水线（坡度）要大，一般到 1/3.3，整个屋面成一个微凹的三维曲面（图 3.7）。

图 3.7　南通仁巷 6 号的屋面

　　海安有类似做法称为"提山"，即山面各柱比明间提约 5 厘米，若房间桁条两端相差较大，还可适当加大提山。由于提山幅度较小，且各柱相同，所以总体外观屋脊和檐口微微起翘不很明显，屋面是二维曲面。据工匠称从南通市北的九塘镇到如皋、海安大体一致。

　　淮安地区普遍用"抬山"，从明间向两侧，每间的梁架高度递增约两寸。所以屋脊成为中间低，两边高的凹曲线，即是抬山的结果。

　　徐州地区传统建筑（主要是民居）的正脊曲线成下凹弧线，这种曲线的形成也是由包括生起在内的三方面因素形成的。首先，两次间檩条本身上翘，山缝比明间缝高起10～15 厘米，其次正脊墁灰垫高，再加上瓦作本身的高差。由于徐州建筑大木梁架本身的坡度较大（30～35 度），加上山柱提高以及苫背和铺瓦时提高的坡度，所以徐州的建筑外观坡度陡峭。

第二节　椽子和椽花

　　椽子是承受屋面均布荷载，并传递给檩条的屋面主要木构件，所以椽子的使用与否即形式与屋面基层的密切关系。凡屋面基层为望砖、望板，则椽子即为必不可少之构件，而连云港、盐城北部地区大量使用望笆、望席的传统建筑中，椽子就可有可无，农村的简陋民房就完全不用椽子或以竹竿、芦苇棍等代替椽子的作用。

1. 椽子的种类及组合规律

　　从椽子的位置看，椽子分檐椽、飞椽和用于歇山建筑的甩网椽、用于卷棚屋面的罗锅椽和用于轩廊下的轩椽。苏北传统建筑中，使用飞椽（连云港称"护椽"）的多是公共建筑及城镇大户人家的住宅，在普通民宅中，即使使用出檐较大并使用挑檐檩，也只用檐椽而很少用飞椽，仅宿迁一地建筑绝大多数均使用飞椽。苏北使用罗锅椽主要在民居中的花厅、书房以及园林中的轩、榭等室内作卷棚（回顶）的建筑的两脊桁间，但绝大多数是一种类似轩的室内装修做法，其上仍作草架檩、草架椽然后铺瓦，所以瓦屋面并不受罗锅椽的影响作卷棚,而是一般的人字屋面(图3.8)。轩椽的形式根据轩的剖面曲线而变化,但不外是直椽和拱起或凹下的弧线椽的组合(图3.9)。在南通地区部分明代或清早期的大户人家门屋建筑中,有一种特殊的檐椽,其外端向上作弧线弯起,当地称"翘椽"。翘椽是一根大整料开出,并非用直椽作弯,其作用类似于檐椽加飞椽的组合(图3.10)。

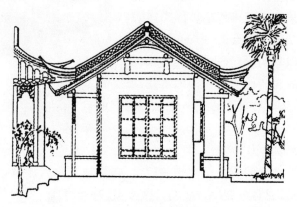

图3.8　泰州乔园之绠汲堂

引自潘谷西.江南理景艺术.南京:东南大学出版社,2001

图3.9　扬州个园复杂的轩椽

图3.10　南通关帝庙22号门屋翘椽

椽子从断面上分主要有扁椽(方椽)、元宝椽(南通、扬州称"荷包椽")、半圆椽(海安称"碗儿椽")三种形式(图3.11),此外还有用于附属建筑和草顶建筑的加工粗糙、或

扁椽(方椽)

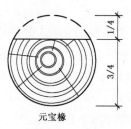

元宝椽

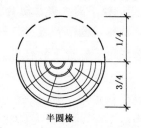

半圆椽

图3.11　三种椽的断面

方或圆断面很小的杂木棍椽子(南通称"杂棍")。一般而言,传统扁椽的常用断面约6厘米×9厘米,用圆料开出、费工费料,所以级别较高,一般用于庙宇及民居中的重要厅堂的正身椽和檐椽,民居中的飞椽和轩椽绝大多数为扁椽。元宝椽是用圆整料刨去上皮约1/4,级别也较高,多用于庙宇和厅堂作正身椽和檐椽。半圆椽为圆料一剖两用,较为经济,所以使用范围最广。在椽子的组合方式上,苏北一般建筑均是檐椽用元宝椽或半圆椽,而飞椽、轩椽用方椽,有的建筑明间用等级较高的方椽或元宝椽,而房间用次等的半圆椽。连云港地区比较特别,其正身椽子一般都用4厘米×6厘米的小方椽,底面抹小圆角,檐椽和飞椽也都用小方椽。

2. 椽长及档距

苏北多数地区对椽子的根数和位置均有不同的讲究。徐州俗信椽数不能成单以免"一子单传",并且椽子不能正压在梁中缝上,否则即构成"扰梁"而不吉利。扬州恰恰相反,每个房间的椽子数只能逢单,因为要避鲁班乳名"双子"之讳,否则认为房子容易倒塌。在海安一带,椽子也必须成双,工匠一般控制椽档数(南通称"椽豁",同《营造法原》)为单数,如一般明间面阔一丈四六用19档(档距约24厘米),一丈六六用21档(档距约25厘米),房间一般用17档。档距即是开间除以档数,并无统一规定。若开间和当数凑巧,即椽档距恰好等于望砖长度,则望砖间缝隙很小,称为"满档",若否,则称"稀档"。

椽子一般每步用一根,正身椽长即为檩距乘以屋面坡度的斜长,一般民居在1.2～1.5米之间,檐椽再加出檐的斜长。但在连云港等地,若木料较长而檩距较小,也可以一根椽子横跨数个檩距,甚至可以一根到底。

3. 椽身收分、椽头砍杀、截断方式及封檐板

苏北各地在椽头收分和截断方式上各有不同,而且在同一地区也往往有多种做法,但从整体上看,还是可以寻出一些规律。

在扬州及其周边的兴化、姜堰等地,不管檐椽、飞椽一般椽身均不作收分,椽头也不作砍杀,而直接竖直(指垂直于地平面)截断,不用封檐板。轩内用扁方椽,有椽闸板和封檐板(图3.12)。这一地区的翼角椽子做法更是别具一格,翼角椽下皮均做琴面状弧线,当地称"指甲圆"。甩网椽由内向外断面渐次放大,一般增幅2毫米一根(当地称"一米粒"),到紧靠角梁的1♯椽断面最大,1♯椽必须不出老角梁,即位置和角度应与老角梁基本一致。而所有翼

图 3.12　扬州个园正身椽子

角椽、飞椽头均沿檐口曲线竖直截下,形成锐利的椽端斜断面,当地称"象牙椽",而整个翼角椽子的做法有工匠称为"扫檐"做法(图3.13)。

图 3.13   扬州个园的翼角椽

图 3.14   南通的关帝庙巷 11 号檐椽、飞椽

在南通、泰兴、江都、大丰、东台、盐城等地,城镇民居均有着做封檐板的传统,封檐板的两端和中间通常会有雕刻,但农村民居不用封檐板。檐椽的椽身一般都没有收分,不管有否飞椽和封檐板,椽头均竖直截断。飞椽的椽身也没有收分,竖直截断,但如果不用封檐板,则飞椽头必须要做砍杀(图 3.14)。上文提到的南通的门屋用翘椽时一般必不用封檐板,由于身兼檐椽和飞椽双重角色,所以也必须做砍杀。如果用封檐板,则椽头一般不需做砍杀。

宿迁、徐州、连云港及盐城北部地区,一般均不做封檐板。徐州、宿迁、连云港等地的檐椽、飞椽的椽头多数是垂直于椽身方向截断。檐椽的椽身一般不收分,但飞椽的椽身则明显向前逐渐收细。在椽头砍杀方面,徐州、宿迁地区檐椽椽头一般不砍杀而飞椽椽头砍杀明显,而连云港则檐椽、飞椽椽头都有明显的砍杀(图 3.15、图 3.16)。宿迁地区的檐下木构做法有一个不同于其他任何地区的明显特征,即在檐椽的椽头用类似封檐板的构件,而飞椽椽头反而不用封檐板,似乎将其他地区惯用的封檐板从飞椽头移至檐椽头(图 3.17)。

图 3.15   徐州户部山民居檐椽飞椽

图 3.16   连云港海州蒋宅檐椽飞椽

图 3.17 宿迁极乐庵檐椽飞椽

图 3.18 楚州秦焕故居檐椽飞椽

淮安则表现出过渡的特征,多数檐椽竖直截断,而飞椽垂直截断(图 3.18)。在椽身收杀和砍杀方面,以及是否使用封檐板方面也表现出各种做法并存,没有主流做法。但在淮安北锅铁巷等处的两处内梁架简单而檐下装饰丰富的民居中,发现有椽底面刻线的做法,为他地所未见(图 3.19)。

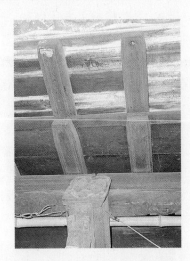

图 3.19 淮安驸马巷民居椽子

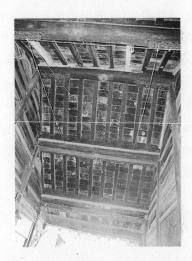

图 3.20 南通冯旗杆巷 21 号门屋椽花板

4. 椽花板的使用和做法

"椽花板"是南通等地的称谓,指填塞椽与檩条之间空隙的构件,实际包括了《营造法原》所谓的"椽稳板"和"闸椽"。椽花的使用表现为明显的地域特征。苏北南部的扬州、泰州、南通、盐城南部地区的城镇传统建筑一般都使用椽花(图 3.20),而淮安(包括淮安市)、盐城市以北的地区则一律不用椽花。

按南通匠师的说法,椽花有"真假"之分,真椽花类似《营造法原》所谓的"椽稳板",为一连续构件,但不同于苏州做法直立于檩上,而是斜置于檩上,朝向主要的观看面。假椽花即"闸椽",直立于檩上,每椽豁间一块(图 3.21)。无论真假椽花,椽花板和檩条之间均是用竹钉(两头尖的竹梢)连接。先在檩上皮和椽花板的下皮分别钻眼,将竹钉栽于檩上钻眼内,然后将椽花板的钻眼对准竹钉钉牢。苏北地区所见的椽花板,绝大多数都是属于真椽花,而假椽花通常用于有飞椽建筑的小连檐上方。

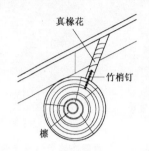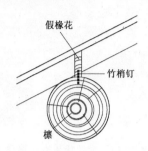

图 3.21　真假椽花

椽花板的使用规则分"一椽两花"和"一椽一花"。所谓"一椽两花",即每根椽子的两头均做椽花板,也即每个檩条的两边均有椽花填缝。一椽两花是最考究的做法,制作困难,所以绝大多数建筑均做一椽一花,即椽子只有一端用椽花。"头停椽"(按苏州称呼)一般上端用椽花斜向地面,所以脊檩两侧就均有椽花,扬州称"元宝花"。"花架椽"(苏州称谓)一般下端用椽花斜向地面,檐椽一般在下部,檐檩上方用椽花,所以步檩、檐檩向室内一侧均有椽花。这就是扬州所谓"七梁五垫三道花"之"三道花",即脊檩、步檩、檐檩用椽花。如果有前后出檐,则一般出檐的檐檩和有廊的步檩外侧都用椽花斜向地面。对于要求不高的普通民宅,可以仅在脊檩和檐檩下用椽花,农村住宅甚至完全不用椽花(图 3.22)。

椽花的制作安装方法有两种。南通地区是先钉椽子,然后根据椽豁制作通长的椽花,用竹钉钉于檩上。椽头不开槽,所以椽花要做到严丝合缝,必须开口十分精确。而海安地区是先制作椽花,然后钉椽,椽花板的椽口断面做成三角形,然后钉椽子,椽花位置的椽身两侧挖出三角形的槽口约 5 毫米深,但椽底不挖,使椽身卡入椽花板,由于有槽缝的存在,所以椽花开口尺寸可以有一定的余地,制作相对方便(图 3.23)。

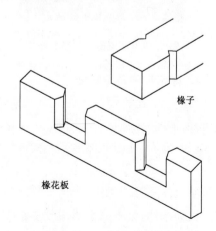

图 3.22　扬州国庆路民宅椽花板　　　　**图 3.23　海安椽花安装示意图**

第三节　屋面基层做法

椽子之上即为屋望层。综合苏北各地传统建筑做法,屋望从材料上分可以分为望砖、望板、芦苇帐和望笆(席)、柴把望等四种。

1. 望砖

望砖是苏北全境城镇传统建筑最常用的室内屋望材料,而乡村有条件的传统瓦房也均使用望砖屋望,极少数传统建筑在出檐部分也使用望砖。传统建筑的望砖尺寸在海安所见长约22.5～23厘米,宽约10.5厘米,厚约1.5厘米。在扬州个园维修工地所用的旧望砖尺寸长约21厘米,宽约11厘米,厚约1.5厘米。望砖长向两端直接搁置于两根平行的椽子之间,所以望砖长度一般等于或略小于椽档宽度,海安分别称之为"满档"和"稀档"。铺望砖时一般先铺上面望砖以备做脊,脊做完后再从下到上,从中间向两边铺望砖(图3.24)。如若屋面长度不凑巧以至最后剩下缝隙,则以与望砖同厚的木条补缝。为室内美观及防水需要,望砖间需勾抹白灰。椽子上铺望砖,望砖下皮刷青灰,打白线。

图 3.24　海安漕运总督府工地

由于望砖自重较大且和椽子之间没有钉、榫、黏结等任何固定措施,所以必须在铺望之前先在椽、檩之上钉防止望砖下滑的木构件,包括"连檐"、"里口木"和"挡望"。连檐(南通称"廊檐"、海安称"连檐"、盐城和东台称"撩檐")是钉于最外沿椽头(檐椽或飞椽头)上的扁方形通长木料,与《营造法原》之"连檐"概念相当,厚度为一望砖厚。而当使用飞椽时,在檐椽头上、飞椽下也有一同样的构件,也可称连檐,或二者分别称"大连檐"、"小连檐"。用小连檐的,通常在小连檐和飞椽之间的空当里填闸椽(称"假椽花",参见图3.14)。扬州、南通等地也有小连檐和闸椽连做为里口木的做法。挡望亦为厚同一望砖的通长木构件,断面扁方,钉于各架檩条上以防止望砖下滑(图3.24)。连檐、里口木、挡望的功能除了拉结椽子为一个整体以外,主要的功能就是防止望砖下滑。一般连檐在各地城乡用望砖的房屋中均必不可少,而挡望则根据屋面进深可多可少,东台一般七架屋在金檩和步檩上用挡望,也可以在除脊檩外的每根檩条上均用挡望,而农村普通的五架梁房屋则可以完全不用。

2. 望板

木望板在苏北全境城镇的传统建筑中普遍使用于出檐部分的檐椽和飞椽之上,尤以飞椽之上绝大多数都用望板,因其自重较轻故可以减轻出檐的总重量防止屋檐倾覆。苏北城镇中极其考究的传统建筑也有在室内全部用木望板的做法,但实例中相当少见(图3.25)。望板钉于椽子或檩条之上,有横、竖两种铺法。横铺是望板长向垂直于椽子,跨数根椽子一块。竖铺是望板长向平行于椽子,宽度等于椽档距,长度一般与椽子等长。当不使用木椽时望板直接竖铺于檩条上,其长度与斜向檩距等长。

3. 芦苇帐、望笆和望席

芦苇帐、望笆和望席是同一种类型的屋望做法,前二者普遍用于连云港、盐城沿海各地农村住宅,后者范围则不拘于沿海,三种在城市中均属于比较简陋的做法。东台农村一般较少用望砖、望板,而用"芦苇帐"。芦苇帐是一种用海柴(长在海边盐碱地上的一种或几种类似细芦苇的草,射阳叫柴铺子,也叫碱柴,其壁较厚,在沿海地区经常用于屋望和草顶屋面)编制的席子(图3.26)。一般明间用三块,次间各用两块,一共七块。明间中间的一块芦苇帐叫"圣望",必须先上,一般做工最好,柴也最整齐。盐城以北直到连云港一带所称的"望笆"也与此类似(图3.27)。望席的做法也大致如此,只是材料为竹篾或稻草编成,所以在各地农村都有使用(图3.28)。较考究的人家在芦苇帐或望笆下照样用椽子,普通人家则不用椽子而直接盖于檩条之上。

4. 柴把望

柴把望以连云港、盐城北部一带较为常见。柴把望也是用海柴为屋面材料,但做法和芦苇帐、望笆、望席不同,以海柴扎成直径50～60厘米的柴把(响水等地称"柴子"亦类此),直接铺于檩上(图3.29)。有些甚至不捆扎,把海柴弄齐后就铺。捆扎过的柴把望比望笆等要牢固,但柴把笆和望笆一样均容易生虫、落灰,所以较考究的人家会在望笆或柴把望下用灰泥抹面以使室内清洁、明亮、美观,连云港称"糜望"。糜望一般用麦糠泥,即黄泥和麦糠(麦壳和碎麦秸秆)按体积比6:4拌和,稍好的用反手灰(石灰拌泥和麦糠),考究的再用纯白灰刮一层。一般糜望的厚度在2厘米左右(图3.30)。

图3.25　赣榆二道街某宅望板

图3.26　泰兴东河沿某宅望席

图 3.27　射阳某宅望笆

图 3.28　海州某宅望席

图 3.29　响水灌河路北某宅柴把望

图 3.30　灌云西长街某宅糜望

第四节　屋面瓦作

在传统上,苏北农村以土墙草顶的简陋房屋居多,而城镇民间建筑均用小青瓦屋面,各地或称"蝴蝶瓦"、"阴阳瓦"、"仰合瓦"。小青瓦分仰瓦(或称底瓦)和盖瓦(或称合瓦、扣瓦)。在连云港、盐城等地还有一种当地称"翻鸡毛瓦"的传统做法,只用小青瓦仰瓦,而不用盖瓦(图 3.31)。苏北在民国年间开始出现少量长方形的大瓦,即今日俗称的"洋瓦"。从本书调研结果看,苏北现存传统民居基本上都是小青瓦屋面,所以本章屋面瓦作以小青瓦为主。

图 3.31　连云港建国路翻鸡毛瓦屋面

1. 苫背层

瓦屋面和望层之间的黏结层即苫背（"苫"读若"先"）在苏北称"泥背"，制作苫背是传统的瓦屋面建筑重要的一道工序，一般俗称"上泥"或"拉泥"。在苏北大部分地区，传统的苫背材料是泥，即用黏土即黄泥作为黏结层。在连云港及盐城北部地区用望笆、柴把望的传统建筑多用 2～3 厘米厚的麦糠泥，即黄泥和麦糠（麦壳和碎麦秸秆）按体积比 6：4 拌和。泥背覆盖于屋望之上，首先起到黏结瓦面和屋望的黏结层作用，同时也有保温和部分防水的作用，另外还有一个重要的作用在于通过苫背的厚薄调整望砖面或望板面的折线为一优美的屋面曲线，所以工匠一般均很注意泥背曲线。对于屋面有举折和举架的地区，泥背厚度往往不均匀，中间跌槽处一般厚达5～10厘米，而檐口及屋脊处薄至2～3厘米。因保温的需要，对于望砖、望板屋面而言，越向北即越冷的地区泥背越厚。

2. 瓦屋面做法

在屋脊做好、屋望铺好之后，先做苫背层，然后开始铺瓦（响水称"贴瓦"，淮安、泰兴称"苫瓦"）。苏北所用小青瓦仰瓦尺寸较大，而盖瓦较小，根据对个园住宅维修工地的老瓦件实测，仰瓦尺寸为（20 厘米×17.5 厘米×17.5 厘米），盖瓦尺寸为（18 厘米×17 厘米×13 厘米）。铺瓦一般从下向上，先铺檐口勾滴瓦件或扇面瓦头，然后再由下向上、由中间向两边铺瓦，先铺底瓦，再铺盖瓦。底瓦小头在下，大头在上，一般"压六露四"，即下层底瓦被上层底瓦压住60%，露出40%，一般工匠习用露三指宽控制，根据个园工地实测底瓦露约7～9厘米。盖瓦相反，以大头在下、小头在上，一般露

图3.32　扬州个园铺瓦工地

一指半宽，实测约3～4厘米。铺瓦用油泥（即黄泥），连云港等地用黄泥掺麦糠的"麦糠泥"，底瓦下和盖瓦下均需"坐泥"填实（图3.32）。为减轻屋面自重，南通、东台工匠在给大户人家盖瓦时有使用"稳把儿"做法。在仰瓦和仰瓦接头处加一条芦柴把压住仰瓦边，即称"稳把儿"，在稳把儿上再上泥盖盖瓦。扬州、泰州地方铺瓦叫"干擦瓦"，只有檐口铺瓦时瓦和瓦之间才带泥，其余瓦之间直接叠压，不带泥。而淮安以北地区铺瓦则全部带泥，以增加保暖性能。徐州一带铺瓦时必须底瓦居中，否则即构成不吉利的"穿心箭"。

3. 檐口瓦件做法

檐口瓦件的施工是铺瓦的第一步，由于檐口位于屋面最下端，为防止下滑必须在瓦件之间以泥黏结，即必须带泥而不能干摆。在考究的大户人家的出檐的连檐上，需加"瓦口板"固定檐口瓦件。瓦口板是依瓦件大小及瓦垄的宽度，锯出起伏相近的波浪形瓦口，钉在连檐之上，并用铁搭和橡头拉牢。最外一层底瓦两端各锯一槽口卡入瓦口板内，如此既可防止下滑，且因瓦口板填满了瓦件间的空隙而显美观（图3.33）。

　　总体而言,苏北建筑屋面檐口的处理具有很高的统一性。一般而言,规格较高的全套檐口瓦件由滴水、勾头和花边组成。在苏北多数地区,底瓦端头的均称"滴水",而盖瓦端头的类似官式建筑勾头的瓦件一般称"猫儿头",因其上经常用类似猫脸的装饰(图 3.34、图 3.35)。在猫头之上还常有一块反翘向上的瓦件,南通称"花边",徐州称"迎风花边"(图 3.36、图 3.37)。花边是苏北传统建筑常见的檐口瓦

图 3.33　南通冯旗杆巷 26 号松脱的瓦口

件,其正立面一般呈扁长扇面形,颇有宋式重唇板瓦的遗韵。有时也用滴水瓦倒扣在猫头之上,地位和作用类似花边。滴水和猫头的正立面外形一般接近弧线拼接的三角形,或者下部尖垂的椭圆形。在滴水、猫头和花边的正面一般均有烧制时模印的吉祥图案、花纹或文字图案,有着良好的寓意,而边缘一般均有掐瓣状的装饰。普通民宅在盖瓦的末端用石灰粉出扇面形,称"扇面"或"鬼脸"(图 3.38),扇面的作用在于垫高檐口底瓦使坡度平缓,可以防止屋面下滑,有的也在扇面头用瓦件(图 3.39)。

图 3.34　盐城新街某宅檐口瓦件

图 3.35　徐州户部山郑家大院檐口瓦件

图 3.36　徐州民俗博物馆檐口瓦件

图 3.37　南通冯旗杆巷 21 号仪檐口瓦件

图 3.38　泰兴孙家祠民宅扇面瓦件　　　图 3.39　南通冯旗杆巷 18 号扇面瓦件

此四种檐口做法互相组合,就可产生各种檐口做法,如只用滴水、猫头而不用花边;底瓦用滴水,盖瓦用扇面;或底瓦不用滴水,只微微挑出檐口,而盖瓦用扇面;最简单的民宅底瓦和盖瓦端头均不做处理,为防止下滑,或用两块盖瓦横着垫塞在最下一块盖瓦下面。

第五节　屋脊瓦作

盖屋顶中最重要的是做屋脊,俗称"做脊"。由于屋脊处于房屋的最高处,所以除了固有的保护脊檩、牢固屋面的功能性作用外,也有显示屋主身份地位、争奇斗美、避祸求吉的社会心理作用,所以扬州将"做脊"转音称为"做吉"(参见第一章第六节)。纵观整个苏北传统建筑,瓦屋面的屋脊形式、做法乃至名称、风俗可谓千变万化,但亦可总结出部分规律。

1. 苏北屋脊的形态特点及其形成原因分析

对于苏北传统的民间建筑而言,无论何地何种做法的屋脊,作者认为均可以按纵向位置分为脊头和脊身两个基本的构造部分。所谓脊头,即屋脊两个端头部分,或平直、或起翘,往往是屋脊最突出的装饰重点,也是一般区分屋脊种类的首要因素。如《营造法原》所称的甘蔗、雌毛、纹头、哺鸡、哺龙、鱼龙吻、龙吻等即是以脊头的特征来命名的样式。屋脊除脊头以外的部分就是脊身,脊身的正中部分又可称为脊中,一般也是屋脊的装饰重点。区分脊头和脊身对于认识苏北屋脊的形态及其形成原因有着十分重要的意义。

苏北地区绝大多数建筑的屋脊外观均表现出中间低、两头高,但绝不可一概而论,其区别在于仅仅是脊头起翘,还是连脊身也起翘,这存在着构造上极大的差别。脊身起翘的因素一般有两个:一是梁架本身有生起,这种情况往往脊身曲度十分明显,而且曲度大小和梁架生起大小呈正比;二是通过屋脊的基座层即下文提到的灰座内部垫填砖瓦而导致翘曲,往往翘曲较小。

从作者的调研结果看,苏北传统建筑屋脊脊身曲度从大到小可以排序为南通、徐州、淮安、海安、宿迁(图3.40)。其中前四者都是梁架保存有生起古制的地区,虽然均同时采用灰背层垫高的手法,但其梁架的生起幅度却是导致脊身曲度大小的主要因素。宿迁当地人称梁架檩条绝不起翘,而是仅仅通过屋脊灰背垫起,所以其脊身曲度最小,作者认为是瓦作上受到周边淮安和徐州的影响所致。连云港、盐城北部地区的部分建筑脊身亦有微略的曲线,也可以认为是瓦作上受到徐州、淮安的影响所致。脊身最平的地区为扬州、泰州地区。

　　苏北各地屋脊的脊头均有不同程度的翘起,作者根据调研结果发现一个有趣的现象,越是脊身曲度大的地区脊头反而相对越简单平直。举例而言,徐州、南通、淮安地区脊身曲度最大,而不用专门的突起的脊头构件(兽头除外),脊头多以脊身的自然出挑,一般出挑深远,但并不作大幅度的起翘和刻意的装饰,颇有古意。而扬州、泰州、靖江、东台等地脊身平直,但一般均使用哺鸡、万卷书等专门的脊头瓦件,脊头出挑甚少且普遍以灰塑装饰(图3.41)。尤以靖江、姜堰、东台等地的大撑脚、燕尾等起翘的脊头做法为甚,高耸峻峭,几近直立,再辅以花篮、寿字、喜字等瓦花或望砖拼花,可谓十分醒目(图3.42、图3.43)。

图3.40　宿迁新盛街民居屋脊

图3.41　扬州汪氏小苑屋脊

图3.42　泰兴黄桥古风广场民居屋脊

图3.43　姜堰溱潼镇民俗博物馆仪门屋脊

由此可见,苏北传统建筑都体现着中国传统文化追求崇高和"如鸟斯革、如翚斯飞"的飘逸的审美取向,但在具体的实现途径上各不相同。

2. "三段式"的通用构造模型

作者根据实际调研,从苏北各地千变万化的屋脊做法中归纳出了一个通用的三段式的构造模型:所有的屋脊做法均由灰座层、线砖层和盖顶层三个部分组成。

灰座层是屋脊的基座,淮安称"端水"、海安称"坐灰"、南通称"坐线"、东台称"脊桩"都大略等同于此。其做法均是首先以瓦或砖覆盖或填塞脊檩上底瓦和盖瓦之间的空隙,然后再在砖瓦外以灰抹平。其作用有四:一是保护脊檩和望层,二是嵌固压牢交会于脊部的屋面底瓦和盖瓦,三是通过垫加砖瓦调整出所需的屋脊曲线,四是在脊部尖顶上找出平面,为筑脊作准备。

线砖层是屋脊形象的主体,淮安称"线砖"、泰兴称"弦子"、徐州称"笆砖"。其做法一般均是用经砍制加工的望砖、青砖、瓦或成品脊砖铺砌于灰座层之上,形成层层平行的线脚或瓦花,是屋脊做法主要的变化所在,一般在层数的多寡、构造的繁简、立面的高低、用料的贵贱上反映建筑及其主人的地位和工匠的手艺,也是划分各种屋脊种类的重要依据。其作用主要是压住屋瓦以及下部的椽望,防止风的吸力破坏屋面,其次是寄托了主人和工匠对美观和吉祥的追求并展示予观者。

盖顶层是屋脊的最上层,其做法有采用站瓦、筒瓦和磨制半圆砖等三种,其中站瓦又分直立和斜立两种。其作用一是进一步增加屋脊的压重以防风,二是有部分防水的功能,此外也有部分美观和寄寓的功能。

根据这个三段式的通用构造模型,加上上文提到的脊头、脊身和脊中的构造,装饰手法的各种组合变化,即可以用来描述和比较苏北乃至全国各地的屋脊样式。

3. 淮安地区的屋脊做法

淮安地区建筑分大瓦和小瓦即大式和小式做法,相应的屋脊也有大瓦屋脊和小瓦屋脊的区分。大瓦屋脊的做法和清官式"大黑活"做法相当接近,一般均用兽头瓦件,有虎头(兽头朝外)、鱼龙吻(朝内)、鳌头、大鸡头、小鸡头等多种。由于本书主要探讨地方传统技艺,所以对大瓦屋脊不作深入介绍,但楚州博物馆现存漕运总督府遗址上发掘的旧"鸡头"瓦兽弥足珍贵,特提出与诸君共赏(图3.44)。

图3.44   楚州博物馆馆藏脊兽

淮安传统民间建筑均采用小瓦屋脊,其做法可以大致分为小脊、大脊、板脊、亮脊四种(图3.45)。

小脊的做法最为简单,在竖向上仅有包括"端水"和"款瓦"两层。所谓"端水",是指屋脊的脊座,首先在最上一层仰盖瓦上倒扣一层盖住搭接的瓦缝,盖瓦之下至脊檩上望层(一般是望砖)之间用碎砖瓦和灰填实。然后在盖瓦外抹灰使断面为长方形的

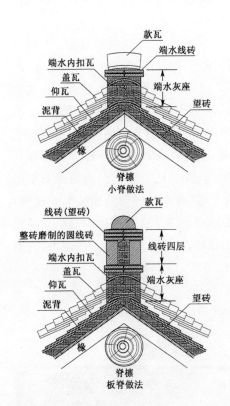
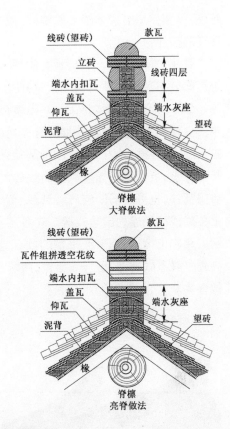

图3.45 淮安周恩来故居脊头

"灰墩"(作者暂名),其上平铺两层望砖,每层前后各两块,中间灰泥嵌缝。至此即称为"盖端水",端水意即取平之意。淮安地区屋脊多数有明显的起翘,这首先是因为在梁架上即有"抬山"做法(见本章第一节),其次就是在做端水时通过在"灰墩"的抹灰内垫加1~4皮望砖逐渐抬高,再抹成平滑优美的屋脊曲线。"款瓦"是指覆盖在端水之上一排小瓦,在淮安地区小瓦的排列类似盖瓦斜立着逐个叠压成排(图3.46)。正脊中央垒砖粉出方盒状的"一颗印",并在正面用灰塑划"福"字或花纹。

图3.46 淮安关天培祠的正脊采用小脊作法

大脊做法相当于在小脊的端水和款瓦之间增加最多7~9层"线砖",线砖包括平砌的望砖和用整砖磨层的弧面砖,有时与瓦条拼花相结合,层数多少随宜而定,但一般均为单数(图3.47)。

板脊的做法相当于在小脊的端水(此时称"下端水")之上用立砖陡砌,然后再在立砖上平砌称为"上端水"的两层望砖,在上端水之上用整砖磨成半圆形"盖顶"。

亮脊的做法和板脊相似,但在上下端水之间不用立砖,而是用瓦条拼出各种镂空花纹,盖顶亦用磨成半圆形的整砖,因透空可见亮光而称为亮脊,有利于减轻风荷载对屋脊的破坏。

脊头做法:小脊、大脊、板脊的屋脊均呈中间低、两端高起,通过端水翘起。起翘的脊头部分在端水的外端灰座内需砌入朝向外侧的"猫头"、"咪咪"、"鱼尾"、"托盘"各一。最下层为猫头即勾头,盖在山墙最上一层线脚上,相当于官式排山勾滴做法的最中间一块勾头。咪咪是一种屋脊专用的特制瓦件,类似于檐口使用的花边瓦,覆盖于猫头之上,并挑出少许。鱼尾也是屋脊专用的砖雕瓦件,一般雕刻成鱼尾形,下端坐于咪咪之上,上端承托托盘。上面线砖的端头做鱼尾,鱼尾上承托托盘。托盘亦是脊头砖用瓦件,也可现场以整砖磨制,类似于长条状的平盘斗。托盘之上即为与脊身灰座上各层线砖相连的出挑线砖。在各层线砖之上用瓦箍(将瓦片横向裁成弧形的瓦条)层层翘起出挑,上承逐渐平躺的款瓦,款瓦的端头用一块滴水瓦倒置收束(图3.48)。亮脊一般不做翘脊,屋脊线平直,两端用封山,即山墙高出屋面,屋脊撞到山墙为止,不做脊头。

图 3.47　淮安秦焕故居的大脊

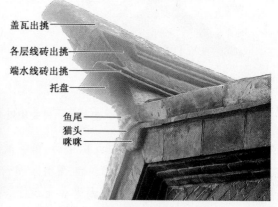

盖瓦出挑 ———
各层线砖出挑 ———
端水线砖出挑 ———
托盘 ———

鱼尾 ———
猫头 ———
咪咪 ———

图 3.48　淮安周恩来故居脊头

屋脊瓦作完成后,再在脊头和中央用青灰(石灰加稻草灰)泥塑出花草或"福禄寿"等吉祥装饰图案。

4. 海安屋脊做法

海安传统民居的小瓦屋脊一般也为数层线砖上排站瓦。做脊首先是做灰座,海安称"坐灰",做法和淮安基本一致,故不赘述。最简单屋脊做法称"怀半",坐灰先平铺一层半圆线砖(条砖或望砖磨制),其上再坐一层望砖,再上站瓦。复杂些的常用做法如"双线骑马夹",即上下各三层望砖,中间夹一大立砖(称"夹大线"),最上站瓦。

站瓦亦和淮安相似,自中线向两侧倒,屋脊中央的构件称"扇面",又称"背龙口"(风水中把屋脊也看作龙),一般农村直接用灰泥抹出扇面,考究的用专门的万年青盆子(万年青用瓦片拼砌)等砖构件。但不论何种做法,在海安都必须在背龙口中埋置"太平钱"(后代仿制的带有"太平"或"天宝"字样的铜钱)、茶叶、米(茶叶和米在通泰地区的民俗活动中经常使用)。

海安地区的脊头做法有多种：最简单的是"伙文"(作者疑即为回文)头。在脊尽端用望砖砌成回文状(即扬州所称的万卷书)，伙文下山尖用一滴水瓦，其上盖瓦。用伙文脊头一般脊线平直不起翘，也有把伙文脊头做得很高大的情况，但脊线依然平直。

除伙文脊头外，脊头大量用翘脊。翘脊的做法是在脊头的坐灰中插入一木板翘起称"托盘"，托盘下用油灰(桐油加石灰拌制)抹出弧线口向外，称"虾儿档"，虾儿档下为盖瓦和山尖勾头。为支撑托盘起翘，在坐灰的盖瓦之上由砖瓦制作"撑脚儿"。根据翘起的幅度不同，撑脚的形状也变化很多。如翘起较少，则仅用一立砖，可雕刻成宝瓶状等(图3.49)。若翘起较大，则用多块望砖拼砌成"寿"、"喜"等文字或图案，称"小撑脚"。若起翘至基本直立，则望砖拼砌图案更大更高，"双喜"、"寿"字等较为常用，称"大撑脚"(图3.50)。托盘木上，若起翘不大，则脊线所有线条跟出，层层出挑。若起翘很大，在托盘木上再用"脊头木"，顶端用一滴水瓦向内或向外，脊头木外缠麻丝将瓦件绑扎固定，外施油灰粉。

在扇面、脊头的瓦件和灰座外通常用油灰堆塑花纹，海安当地称"烂花儿"。中部扇面下常塑"凤吹牡丹"，两端脊头常用"松鹤同春"或"鹤鹿同春"。

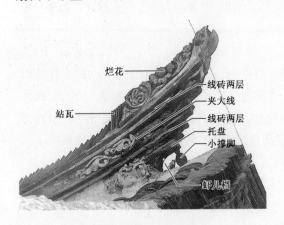
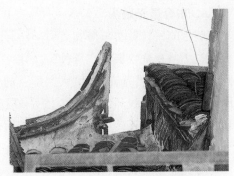

图3.49　海安东大街脊头　　　　　　图3.50　海安东大街脊头起翘

5. 南通屋脊做法

南通做脊同样也是先做灰座，当地称"座线"，也是用油灰粉出。但南通有时会在脊檩上用五棱或六棱的帮脊木，帮脊木的顶和底瓦底的高度平齐，即瓦直接搁在帮脊木上。在底瓦交线上扣盖瓦打底，根据所需屋脊横向曲线，盖瓦一层层逐渐增加垫起以起翘，然后再在盖瓦外面用瓦刀灰(石灰加纸筋)粉出座线。座线的断面一般是方的，有时在脊头位置两侧逐渐做成弧面。简单屋脊在座线上就是站瓦了，复杂的要在屋脊上出线后再站瓦。普通人家一般作一层线、三层线，大户人家做五层线。一层线指一层望砖，三层线指上下各一层望砖中间夹一层小青瓦，五层线在上面再加两层望砖。线与线之间用粉刷粉成略带弧线。南通地区的站瓦不同于淮安、海安的斜着站，而是直立,只有在脊头起翘时才逐渐躺下。站瓦从两边向中间做,中间的部分叫中脊,中脊一般用望砖砌成空心方形花盆状,里面栽种一棵万年青,外面雕刻图案。简陋的中脊可以用瓦片垒出万年青,或直接在瓦片外粉出一个盒子(图 3.51、图 3.52)。

图 3.51　南通仁巷 6 号正脊脊头

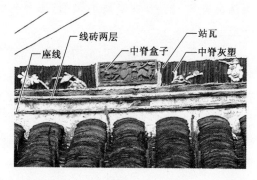

图 3.52　南通仁巷 6 号脊中

站瓦到脊头就躺下变"萧"(薄的意思)。传统的脊头不管出脊大小,所有线砖都跟着一起层层出挑。最上端的起翘是用麻丝(麻片)把望砖、小瓦捆起来做骨架,然后再用石灰在外面粉出各种花纹。传统的屋脊均不翘很高,但近代的有些屋脊翘得很高,做法是用"铁膀子"(即铁片)从最后的一层线上伸出来弯翘起来,头上作个"书卷"(即卷头),然后做外粉。

6. 东台屋脊做法

东台的屋脊做法和海安大同小异,分为简单的"夹沙膏"和复杂的"花脊"。在屋脊位置先用盖瓦叠数层,称"脊桩"。然后在盖瓦的外面抹掺纸筋的石灰,若是花脊,则在此部位用石灰"堆"(方言音"大",即灰塑)出如风吹牡丹等花样,有时在"脊桩"里用一层盖瓦挑出成一线脚。在脊桩上用一层望砖线脚,其上再直接摆站瓦就是简单的夹沙膏,若再搁一层"花砖",其上再出望砖后站瓦,即为"小花脊"。花砖厚度类似小青砖,一般有专用的磨印花砖。"大花脊"即在小花脊的基础上增加花砖和望砖的层数。东台的站瓦也是斜躺的,在脊中部往往做灰塑装饰(图 3.53、图 3.54)。

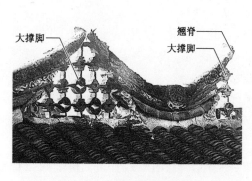

图 3.53　东台土地堂子屋脊

图 3.54　东台黄逸峰故居屋脊

脊头的做法主要分为"万卷书"和"雀尾"两种。"万卷书"是用望砖拼砌成各种回纹图案的脊头做法,根据图案的复杂程度和用砖数量不同可以分为"五料"和"九料"。万卷书屋脊脊身平直,仅万卷书脊头稍稍高出脊身(图3.55)。"雀尾"是一种翘脊,两端起翘,和海安做法十分类似。用木板"托盘"起翘,托盘外有望砖砌起来的镂空的"撑脚"。托盘和其上瓦件用麻丝绑扎,然后在其外粉灰,在翘脊的最上端用一块"猫头",猫头的垂尖是朝内而不同于南通的朝外。

图 3.55　大丰白驹某宅屋脊

7. 徐州屋脊做法

徐州的屋脊形式当地自称"扁担脊",脊头起翘讲究自然有力,且余势不尽。灰座做法和南部各地基本一致,灰座必须逐渐垫高以形成翘曲,其上即为脊砖。徐州脊砖不用望砖,而用普通的青砖现场砍制脊砖,当地称"笆砖",也有倒模烧制的构件,如"花板"。根据脊砖层数不同,又可分为"小怀脊"、"大怀脊"和"花板脊"。脊砖从下至上一般分四部分。最下为"太平板砖",又称"硬板砖",各种屋脊样式皆不可或缺,小怀脊用一层,其余用两层。其上为"滚字笆砖",小怀脊用一块卧砖左右砍圆,大怀脊用"豆瓣砖",即两块立砖对合,外侧面砍圆。花板脊则用烧制的"成品花砖"。偶尔也可以在此部分用镂空瓦花。再上方为第三部分"燕翅笆砖",一般小怀脊用一层,大怀脊和花板脊用三层,有时中间一层用砍出三角形花纹的"狗牙笆砖"。最上部分为盖瓦,类似于筒瓦(图3.56)。夹在两侧建筑山墙之间厢房、廊子或围墙的次要屋脊有时可以用望砖间夹镂空瓦花的做法。

徐州建筑屋脊本身呈明显曲线(详见本章第一节),所以脊头并不作刻意的起翘。灰座的端头最下方在山尖上座勾头一块,其上用两层露明的笆砖出挑,再上就是"太平砖"、"滚砖"、"燕翅"顺着屋脊曲线层层出挑,最后挑出盖瓦勾头。

徐州传统民居中的大户人家高级的正厅屋脊可以用脊兽。一般做法为"五脊六兽",即两正脊兽加四垂脊兽。兽口一般向外,闭口,只有有功名的人家才能用开口兽(图3.57)。兽的形式有两种高级形式,一种是兽和铁花组合而成的"插花兽";另一种是更高级的"插花云燕",在兽和铁花之上再立高铁杆上做铁燕,现已不存实例。

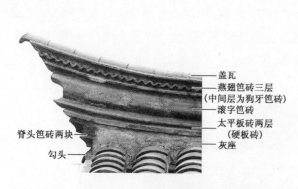

盖瓦
燕翅笆砖三层
(中间层为狗牙笆砖)
滚字笆砖
太平板砖两层
(硬板砖)
灰座
脊头笆砖两块
勾头

图 3.56　徐州户部山民居屋脊狗牙笆砖

图 3.57　徐州户部山民居脊兽

第四章 墙体砖、土、石作

　　苏北大多数地区为平原,只有北部连云港、徐州一带有山体,从本书调研的结果看,总体上苏北的南部扬州、泰州、南通、淮安、盐城等地墙体材料以砖、土为主,北部的连云港、徐州、宿迁以砖、土、石并用,而连云港的石墙最富特色,这基本上与江苏地形分布较为一致,反映了一个地区的建筑风格从整体上受到地理条件的限制。

　　具体到每个地区的每个建筑的墙体用材,在遵循地方传统习惯的基础上,则主要受到屋主经济条件的限制。一般说来砖墙和加工过的条石墙最昂贵,其次为毛石墙、乱石墙、片石墙,土墙最为经济,所以传统上城镇普通住宅都普遍用青砖墙,城镇的贫户和农村的富户则多用砖土混合墙,而农村的普通住宅则土墙居多。从本次调研的现存实例看,砖房遍见于苏北全境,砖土混合墙体只见于淮安和盐城以北的北部地区,砖石建筑只见于宿迁、徐州、连云港三市,而土石及纯粹的夯土建筑仅见于连云港一带。需要指出的是,新中国成立前砖土混合及夯土房也大量存在于淮安和盐城以南的扬州、南通、泰州、盐城南部的城乡,但现在却无一例遗存。作者分析这首先是由于夯土或土坯在降雨量大的苏北南部地区使用寿命较短,其次是由于新中国成立后苏北南部的经济发展和建筑更新速度整体上远远超过北部。

第一节 砖墙做法

一、砖墙的种类和材料

　　砖墙在苏北各地最为普遍,种类也极其繁多。从砌体材料的组合上可以分为全砖墙、砖土混合墙和砖石混合墙(见本章第二节)。全砖墙从用砖的整碎可以分为整砖墙和乱砖墙,整砖墙按砖看面加工的技艺又可分为磨砖墙和糙砖墙(即不加磨面)。磨砖墙根据技艺的不同可以分为"干摆"、"丝缝"、"淌白"。糙砖墙有各种组砌方式的不同,苏北各地一般称砖长边平行于墙轴线为"顺"(扬州亦称"躺"),长边垂直于墙称"丁";平砌为"扁"(泰兴称"仄扁",即现代通称的"卧");立砌为"斗"(扬州亦称"站")。"顺扁"、"顺斗"、"丁扁"、"丁斗"为砖的四种基本的排放方式。一般的墙都是以这四种基本形式有规律地组砌而成,根据组砌方法的不同又有不同的名称和做法。苏北各地传统建筑实例的用砖尺寸由于地区和年代的不同而很不一致,总体而言北部大、南部小,早期大、晚期小。如徐州户部山民居用砖普遍在30厘米×15厘米×7厘米左右,东台常用的小青砖尺寸是 22 厘米×12 厘米×4 厘米,而扬州地官巷 10 号用砖(225～235)厘米×90 厘米×(35～40)厘米。

二、整砖墙组砌方式及其分布规律

在苏北各地,整砖墙的组砌方法有多种,各匠师也说法不一,作者根据所见实例试综合整理如下。

墙体所见均为空心墙,在泰州一带称"填闇墙",即墙体分为内外两层皮,多通过丁砖相互拉结,中间填以碎砖瓦(苏北通称"馅砖")或土坯砖和土(图 4.1),有完全填满的做法,考究的做法还要灌入石灰浆或糯米汁以密实砖缝和填充体,但多数人家不完全填满以防止墙体进水后填充的土块膨胀导致开裂。墙体的厚度一般在一砖半至两砖之间,如此前后墙皮的丁砖可以咬合在一起,扬州、泰州地区称"合丁"。

图 4.1　徐州户部山崔翰
林府残破馅砖墙

图 4.2　扬州国庆路民
居山尖斗子墙

整砖墙的砌法大体可以分为"仄扁"、"斗子"(即《营造法原》之"斗子"),以及二者的结合形式。据扬州、泰州、宿迁、徐州各地匠师称,早期以斗子墙居多,而后来以仄扁墙为主而仅在山尖部分用斗子墙(图 4.2)。如徐州现存的空斗墙只有明代户部山崔家大院一处。宿迁地区早期的空斗墙厚 36 厘米,而晚期的扁砌墙厚 24 厘米。作者以为可能是因为早期砖料紧张用空斗相沿成习,后期砖料渐多故用扁砌。调研所见的苏北各地砖墙主要组砌方式如图 4.3 所示。

苏北各地在普通墙体(不包括墀头、博缝、槛墙等特殊部位的墙体)常用的组砌方式存在着明显的南北差异。苏北中南部的扬州、泰州、南通、淮安及盐城中南部以仄扁到顶为主(图 4.4),以空斗和仄扁结合的形式为辅(图 4.5)。其中仄扁到顶以三顺一丁为主,也有少量的一顺一丁(扬州称书包式)、六顺一丁。空斗和仄扁相结合的砌法为先砌数皮斗砖再砌一皮扁砖,如此层叠而上,以三斗一扁、五斗一扁居多,少量用一斗一扁。斗砖一般砌一顺一丁,偶有三顺一丁,扁砖以三顺一丁、五顺一丁为主。需要说明的是,墙下部勒脚一般多用仄扁,而上部可结合空斗。全用扁砖的满顺满丁在此地区传统建筑中极为罕见。

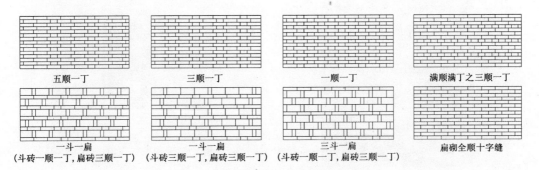

五顺一丁　　　　三顺一丁　　　　一顺一丁　　　满顺满丁之三顺一丁

一斗一扁　　　　　一斗一扁　　　　三斗一丁　　　扁砌全顺十字缝
(斗砖一顺一丁,扁砖三顺一丁)　(斗砖三顺一丁,扁砖三顺一丁)　(斗砖一顺一丁,扁砖三顺一丁)

图 4.3　苏北各地整砖墙组砌方式总图

图 4.4　扬州国庆路南河下山墙
三顺一丁仄扁到顶

图 4.5　泰兴朱东润故居上空斗下
仄扁的组合墙面

而北部的徐州、连云港则明显地以全用扁砖的满顺满丁为主。一般是先砌数皮全用顺砖(称满顺,一般为五皮,也有三皮、七皮,罕见一皮),然后再砌一皮全用丁砖(称满丁),如此层叠而上(图 4.6、图 4.7)。根据满顺皮数的多少,当地工匠也称“五顺一丁”、“三顺一丁”等,但这和苏北中南部工匠所称的“五顺一丁”、“三顺一丁”是不同的组砌类型,需结合实例加以鉴别。全用扁砖的“十字缝”也偶用于门头、槛墙等重要部位,但斗子砌法在此地区十分罕见。

苏北中部的盐城、宿迁做法介于二者之间,各种做法均有,但总体上盐城偏南,而宿迁偏北。《营造法原》中提到的“实滚”、“花滚”等使用数块并列丁砖的组砌方式在苏北都未见用于整片墙的实例,仅有个别在空斗墙的拐角和门窗洞口局部采用以凑对砖缝,也不为工匠提及,应可视为苏南、苏北的一大差别。

图 4.6 连云港海州民居之
满顺满丁到顶墙面

图 4.7 徐州户部山民居之
满顺满丁到顶墙面

图 4.8 楚州秦焕故居扁砌十字缝墙到顶

调研中还发现数种见于特殊部位或特殊地区的整砖组砌方法。一种是刘大可《中国古建筑瓦石营法》所称的"十字缝"墙,全用顺砖,而不用丁砖或用"暗丁",苏北各地均有少量实例,多见于门楼、槛墙等重要部位的墙体,仅淮安秦焕故居用于整片墙面(图 4.8)。第二种是少量使用席纹砌法的实例。南通地区习惯用于槛墙,在宿迁习惯用在山尖等三角形墙面(即刘大可《中国古建筑瓦石营法》称"象眼"的墙体位置)(图 4.9),而在高邮数例在门头的条砖砌法也类似于席纹(图 4.10)。

图 4.9 宿迁新盛街某宅山墙席纹砌法

图 4.10 高邮西后街知府宅门头席纹砌法

三、乱砖墙做法

所谓乱砖墙,是利用旧建筑拆除后的旧砖砌筑,由于各个历史时代的各类建筑用砖尺寸不一,所以称"乱砖墙"。乱砖墙普遍使用于苏北各地,尤以扬州、淮安地区居多,扬州甚至有"无墙不乱"之说。(注:实际调研中,扬州也有相当数量的整砖墙建筑,如个园及其他一些盐商大宅。推测可能是经济实力雄厚的多采用新砖。)

扬州砌筑乱砖墙一般要求同一皮砖选用厚度基本相同的砖扁砌,各皮之间的砖厚度不同,竖向不对缝。淮安则根据不同情况灵活采用立砖、侧立砖、一立两扁等多种方式组合。乱砖墙一般也是填闾墙,普通乱砖清水墙一般厚400毫米,内外各一层乱扁砖,内填以碎砖(扬州、泰州称馅砖)。砌筑时必须遵守"长砖短用、短砖长用",尽量以较长的砖作为丁砖起到拉结里外墙皮的作用(图4.11)。扬州匠师认为乱砖墙大小参差拉结比整砖墙

图4.11　扬州汪氏小苑的乱砖墙

"有劲",可能是因为没有规则的竖向砖缝,对于防裂有利,故云。此外,也有每数皮乱砖墙上加一皮整砖墙的做法,称"玉带围腰墙"。

四、勒脚、砖封檐

勒脚是位于基础之上和地面相接的下部墙体,由于其荷重较大,且对防水防潮要求较高,所以不管上身墙体是否为空斗,勒脚必须用丁顺结合的扁砌做法;多数建筑的勒脚墙体要较上身墙体宽出少许,以增加稳定性;上身墙多用带刀灰砌法(即只在砖的四边用瓦刀挂灰,而不必全部涂满砖面),而下身墙则多为满面坐灰砌筑,以增隔潮效果。如淮安等地在墙体勒脚一般青砖扁砌5～9层,必须为单数而以7层居多,上身墙体比勒脚收进约五分(半寸)(图4.12)。砌筑方法类同正身墙,青缝短砖长砌,长砖短砌,碎砖填馅。也有些建筑的勒脚和上身墙等厚,没有明显的收分。石料丰富的地区通常以块石砌筑勒脚。

图4.12　楚州周恩来故居墙下勒脚

砖封檐是在建筑不出檐时,前后檐墙和屋面相交接的最上几皮砖作。一般苏北各地砖封檐均用望砖或青砖层层出挑。简单的仅用2～3层普通青砖叠涩出挑,略复杂的在上下出挑的青砖间增加1～2层方椽

砖或 45 度斜置的菱角椽砖(图 4.13、图 4.14),在复杂的出檐做法中青砖均为经过磨制成圆、斜、内凹等各种断面的线脚砖进行组合(宿迁地区喜用模印花砖),并在下方使用磨制的大方砖陡砌"挂枋"(海安称"挂斗"),以增加檐下装饰效果(图 4.15、图 4.16)。出挑檐砖的层数根据建筑规格高低各不相同,一般为 3～9 层,南通等地讲究必须为单数。如海安地区考究的封檐墙做法根据层数不同有五砖四出、六砖五出等做法,从下至上层层挑出的砖线脚依次为:圆线、挂斗(立砖)、子线、椽头砖(或葫芦头,形状不同)、子线、大排。构造上挂斗砖的内侧需开槽口卡在埋置于墙体里的木枋或木条上。

图 4.13　响水灌河南某宅封檐做法

图 4.14　南通仁巷 6 号封檐做法

图 4.15　滨海红旗巷某宅封檐挂斗

图 4.16　新沂窑湾镇某宅封檐做法

五、山墙和墀头

苏北各地的现存传统建筑均以硬山为主,山墙是形成建筑外观的重要因素。传统民间建筑中,也有为数较少的歇山屋面,一般多用在沿街拐角处的店铺和住宅的庭园建筑上。此外在淮安府衙等少数大式建筑中也有悬山屋面的存在,另外农村土墙房屋的草顶屋面为防止雨水冲刷墙面也常采用悬山的形式。在苏北各地工匠中,常把歇山、悬山建筑归结为山墙做法的变化,所以本书一并纳入山墙做法。

　　苏北各地的山墙形式最多的是完全不高出屋面的"人字山",即和封檐墙类似,山墙止于屋面之下。人字山和屋面相交的最上几皮砖的做法也和封檐墙相似,层层线脚出挑,考究的在下方用类似封檐挂枋的立砖博风,而且在建筑不用挑檐的情况下,往往和前后墙的封檐做法一致并交圈。具体线脚层数参见上文封檐部分,此处不再赘述。但山墙的封檐一般不用椽砖,且最下方一块砖博风往往仿木构的博风板施以雕刻(图4.17～图4.20)。

图 4.17　大丰刘庄某宅砖博风

图 4.18　楚州吴承恩故居砖博风

图 4.19　高邮西后街某宅砖博风

图 4.20　徐州户部山民居砖博风

　　除人字山外,各地用得较多的还有一种"太平山"。大部做法类似人字山,但在山间部分山墙高出屋面并作小段的平顶。太平山由于山墙只有山尖的一小部分高出屋面,所以其防火作用远较真正的"封火山墙"为弱,更多的可能是一种象征性的求吉利、保平安的作用,所以在泰兴又称"风水山墙"(图4.21、图4.22)。

图 4.21　泰兴里仁巷某宅太平山　　　　图 4.22　盐城新街某宅太平山

　　山墙完全高出屋面,具有防止火势蔓延作用的封火山墙在苏北各地也为数不少,一般多称"马头墙"。徐州匠师称该地传统建筑的马头墙分为平马头(台阶状,多为三级,有的达五级)、圆山马头(即观音兜)、硬山马头墙(即马头墙高出屋面 30 厘米左右,顺着屋面坡度呈人字形)。这三种类别的划分基本上可以概括苏北各地的马头墙形式(图4.23、图 4.24)。

　　马头墙的上端一般也用砖作层层出挑,上做小批檐和屋脊。在扬州,马头墙头的上端做法称"超五层"(图 4.25),以五层磨砖依次出挑,从下向上为一层横砖挑出墙面 3~4厘米,一层混砖出下方横砖 4 厘米,一层立砖挂枋高 16~20厘米、出混砖 0.8 厘米,一层横砖出挂枋 4 厘米,再一层混

图 4.23　扬州南河下
住宅的马头墙

砖出横砖 4 厘米。在此五层之上,尚有一层望砖扁置出挑,其上叠砖成坡度,上坐砂浆以铺瓦。先置滴水,由下向上铺底瓦,再作盖瓦垄浆后,先置勾头,再由下向上铺盖瓦。瓦垄铺完后在脊上覆数层板瓦,外粉青灰成脊。其上再盖以望砖一层出挑,上坐青灰浆,其上站瓦。脊短收束用细回纹砖,称"万卷书"。马头墙高耸,其上无法站人,否则瓦碎落示警,故有防盗作用。

图 4.24　扬州个园住宅的圆山马头(观音兜)　　　图 4.25　扬州汪氏小苑马头墙超五层做法

淮安匠师介绍的山墙做法其实包括了屋面形式的不同，称山墙的做法分为六种，分别是五山垛、钟形、观音兜、齿形、歇山。匠师将歇山写作"协山"，意为相邻两户人家为避免山墙相撞，经协商使山墙退后的结果，是协同、协商之意。歇山又分为两种，一种是"扒鱼头"（即通称的歇山），一种是没有山墙的四面落山（类似四坡顶，当地叫"大歇山"）。匠师语焉不详，也不能用图纸确切表达各种山墙的准确形式，但其说法却有值得参考的价值，作者暂且记录存疑（图4.26）。

图4.26　淮安府衙大堂悬山屋面的齿形山墙
（由淮安工匠王锦鸿等重修）

当传统硬山建筑采用前廊出檐时，外檐柱轴线以外的山墙部分即为墀头，南通地区还常在明间门头两侧做墀头。墀头做法不同于普通山墙面的主要是承托出挑屋檐的部分，即"盘头"部分。各地墀头的做法基本相似，也和封檐、博风基本类同，而有繁简之别。南通匠师的墀头做法从下到上为子线、圆线、墀头花砖（立砖）、子线、圆线、直角、尖线、书卷（图4.27）。在墀头各构件中，墀头花砖是最重要的装饰构件，一般考究的墀头做法普遍要用，砖内侧带燕尾榫嵌入墙中木枋。其上、下各层线脚的数量和断面形式则变化较多，没有定数，总体而言下方线脚简洁，而上方线条繁多（图4.28）。

图4.27　南通关帝庙巷22号墀头

图4.28　楚州秦焕故居西轴之墀头

六、墙体稳定相关构造做法

苏北各地为增加墙体的稳定性，一般均采取两类措施。一类是通过墙体自身断面的处理，如上文所提到的墙下部勒脚比上身宽；下部用扁砌而上身用空斗；下部用块石而上身用砖砌以降低重心等。此外海安等地传统建筑的墙体还常常做出明显的收分，通过两层墙皮之间的填闲部分的宽度变化，使墙体厚度上小下大，也起到降低中心、增加稳定性的作用。此外砌筑方式上的丁砖以及徐州地区使用的"印子石"（见下节石墙和砖石墙部分)也都起到拉结内外墙体的作用。

　　第二类措施是在墙体的填闇内埋设木构件增加稳定性。"顺墙木"(即木筋,作用类似钢筋)是苏北部分地区常用的最重要的墙体稳定构件。扬州在墙体馅砖中埋设通长的顺墙木,从下到上每1.5～2米一根,采用铁制鸳鸯扒钉,内侧和内柱(墙体内侧对山柱中线)拉结,外侧伸出墙外即铁扒锔(当地称"墙缆")(图4.29)。此外扬州还在馅砖中用竖向的非结构性的"颊子柱"提高墙体的整体性。海安仅在离地面约一米高处用一根顺墙木钉于柱上,并砌入墙中,用铁扒锔和外墙拉结,其他位置的铁扒锔一般直接钉在柱上。淮安匠师称当地完全不用顺墙木,铁扒锔直接钉在柱上(图4.30),小户人家也有用形状类似"T"字形的木砖拉结墙体和柱子,一端用燕尾榫嵌入柱身,另一端的横木砌入墙体。在灌云县板浦镇国清禅寺则用一块石板横穿过墙体,里端箍住柱子,外端挑出墙外,据说过去在露出墙体的内外石板上均置有佛像,现在已毁,但其非常规的构造及装饰的巧妙结合反映了工匠的独到匠心(图4.31)。

图4.29　扬州南河下
某宅山墙铁扒锔

图4.30　楚州漕运总督府遗址铁扒锔

图4.31　灌云板浦国清禅寺石板铁扒锔

七、黏结材料、面层和勾缝

　　苏北各地砌筑墙体的黏结材料的差异主要受主家经济条件的限制,而地区差异不大。主要种类有:涂缝墙、青缝墙、油灰墙、糯米汁墙。

　　涂(读若"塔")缝墙,以石灰和黄泥拌合为砌筑材料,价格低廉,所以最为常用,缝色初白,日久渐发灰黄。

　　青缝墙,淮安以石灰和豆秸灰拌合为砌筑材料,而扬州则以石灰加青烟拌合。缝色青,和砖墙颜色一致,所以在扬州、淮安等地为清水墙常用。

　　油灰墙:大户人家用,以石灰加桐油调和,用于砌清水磨砖墙,缝色白。

糯米汁墙:大户人家用,多用于砌墙灌缝,也和石灰拌合砌墙,缝色白。根据使用黏结材料的多少又可分为"带刀灰"和"满面坐灰"两种砌筑方法。带刀灰用瓦刀将灰挂在砖的四边。满面坐灰是在整个砖的底面上均涂满灰浆。带刀灰一般用于小条整砖,灰缝较小而规整,一般多用于墙体上部露明表面,是比较考究的做法,各类墙体均可采用,唯少用于基础和勒脚。而满面坐灰常用于乱砖或砖料不太齐整的墙面,以灰浆填满砖缝,灰缝较厚,多用于基础、勒脚、墙里侧和混水墙等不需强调砖缝的部位,一般涂缝墙和青缝墙多用,而很少用于油灰墙和糯米汁墙。

砖墙的面层做法有清水和混水之别。清水即墙外不加抹面,露出砖面和砖缝;混水是在砌墙后用灰浆抹面。苏北各地除寺庙等特殊建筑外,大多数传统建筑外墙的外侧都是清水做法,而内侧多为混水做法,尤其是内侧墙体用碎砖、土坯等材料砌筑时则必须用混水抹面以利整洁明亮。

苏北各地清水砖墙在砖缝的传统做法上也较为一致,均采用不勾缝的"拖缝"做法。砌上皮砖时挤出灰浆,然后用瓦刀刮去多余的灰浆,称"抿缝"。抿缝后再用瓦刀顺砖缝轻划一刀,称"拖缝"。拖缝做法特征就是灰缝中间有一道凹槽,即是瓦刀拖缝的痕迹,拖缝的同时将已平整的灰缝挤实,故拖缝上下灰浆略微鼓起(图4.32)。

图4.32　楚州秦焕故居的拖缝墙

第二节　石墙和砖石墙

苏北传统民居中使用石砌墙体的地区为北部连云港至徐州一线,尤其以连云港沿海地区最为普遍,这是传统民居建筑顺应地理和气候条件作出的选择。苏北大部分地区为低洼平原,但连云港向西至徐州一线是鲁南山地向南延伸所形成的低山丘陵,从东向西分别为云台山、马陵山和铜山三列山地,高度在数十米至400米之间,地形切割破碎,其中海拔625米连云港的云台山为江苏第一高峰。山地多石,所以该地区就地取材,以石筑墙。连云港沿海地区东临黄海,四季多风,夏季降雨量居全省之首,石材自重较大利于抗风且防水耐久,境内众多的摩崖石刻和采石场遗迹表明其居民很早就懂得利用本地丰富的石材建造房屋以备风雨,形成了石材砌墙的传统并延续至今。

一、石墙做法

按照加工的复杂程度排列,石墙所用石料的外形可分为乱石、片石、毛块石和整块石四种。乱石是指大小不等、形状各异、没有明显规整面的石料。片石是指大小基本接近,一面较薄呈片状的石料。毛块石是指轮廓方整,但表面未经加工的石料。整块石是指轮廓方正,表面经加工平整的石料。一般说来,毛块石和整块石多用于勒脚和基础,富裕人家也用来砌筑墙体。片石多用来垒砌墙体上部和围墙等,而乱石用于较简陋的住宅、次要建筑和围墙。

图 4.33　连云港建国路郭家大院整块石墙

图 4.34　连云港建国路某宅毛块石墙

**图 4.35　连云港南城镇
侯府门屋片石墙**

石墙砌筑样式和砖类似,也是分内外两层石墙片,中填以碎砖石。毛块石和整块石轮廓方整,其组砌方式也和砖墙类似,一般为一层陡砌、一层横砌层叠而上,类似于砖墙的"一斗一卧"(图 4.33、图 4.34),横砌的"卧石"起到拉结内外墙皮的作用。片石墙以小块的不规则片石叠砌,为增强整体性以免松散,必须杂以长度接近墙体总厚度的大块毛石组砌,毛石以小面朝外,长面穿过墙体以自重压实下方的小片石,拉结内外墙皮,起着类似于砖墙"丁砖"的作用,所以当地称之为"过石"。片石墙大小石料组合,既讲究彼此间的咬合、拉结以求稳固,又讲究大小石面错落有致的美感,而且一般不勾缝、不抹面,所以最能体现工匠水平。据说过去工匠砌墙是坐在凳子上逐块逐片砌筑,讲究慢工细活(图 4.35)。乱石墙的砌筑则相对简单,较少讲究,一般的砌筑原则是以大块石料为主,中间缝隙处以小块石料填塞,选用较长的石料充当"过石"(图 4.36)。上述四类材料和砌法往往混合使用(图 4.37)。

图 4.36　连云港南城镇石板街两侧乱石墙

图 4.37　连云港南城镇石板街两侧乱石墙

二、砖石墙做法

石墙和砖墙在连云港、徐州的传统建筑中往往配合使用，而纯粹全用石料的墙体数量反而较少。对除整块石墙以外的其他石砌墙体而言，用砖越多规格就越高。

传统建筑注重发挥石材耐压、防水的特性，墙体一般下石上砖。绝大多数建筑基础和墙下勒脚多用块石、毛石垒砌（图4.38、图4.39），有的楼房一层用石而二层用砖（图4.40），但无论石墙多高，墙顶部封檐部分必须砌数皮砖墙，且屋面必为瓦或草屋面，而绝不用石板屋面（图4.41）。

连云港地区传统建筑在砖石的组合方式上更显丰富，常在开间和进深方向横向划分砖石的材质变化，富于装饰效果（图4.42～图4.44）。

此外，除了上述整片的石墙之外，徐州、连云港地区还习惯在梁下、转角、山面梁檩下等处砌筑与墙体同宽的石板以增加局部强度，同时起到拉结内外墙皮的作用，徐州俗称"印子石"。青砖墙体上错落有致地分布着灰白色的石板，装饰效果强烈（图4.45）。

图4.38　徐州户部山民居院落石勒脚

图4.39　灌云板浦镇大寺巷某宅

图4.40　徐州户部山民俗博物馆鸳鸯楼

图4.41　徐州户部山民居封檐用砖

图 4.42　连云港海州某宅立面

图 4.43　连云港南城镇侯府正屋立面

图 4.44　连云港碧霞宫三圣殿山墙

图 4.45　徐州户部山民居山墙印子石

三、黏结材料、勾缝装饰

连云港地区砌筑石墙的黏结、勾缝和抹面常用"狗屎泥"。据当地匠师介绍这是一种岩石风化后的粉末状混合物，外观呈黄、白色，易于结渣，其成分类似石灰而更坚硬。用于砌筑墙体，见风就干，相当牢固耐久。

连云港地区石墙体的勾缝材料一般以石灰、稻草灰、糯米汁拌合，不同石墙砌体的勾缝做法各不相同。片石墙一般不勾缝，直接展示片石砌筑的肌理美感。表面规整的毛块石和整块石一般勾断面为半圆或方形的凸缝。当以碎石或多种不同石料砌筑时，往往先将石缝填实后勾抹平整。考究的做法在嵌缝的灰面上还会施以吉祥图案装饰，如连云港南城镇侯府的正房石墙抹灰面上，就着石材的轮廓，辅以简洁的线刻，错落有致地分布着莲藕、寿桃、银锭、石榴、葫芦等各种吉祥图案，风格粗犷而装饰趣味十足，令人不禁想到连云港将军岩、刘志洲山等处的早期岩画(图 4.46)。

图 4.46　连云港南城镇
侯府抹面装饰

第三节　土墙和砖土混合墙

一、土坯墙和夯土墙

苏北农村传统民居曾普遍为土墙草顶房,但在新中国成立后逐渐被砖墙瓦顶房所替代,至1970年代几乎完全绝迹。现存的土墙草顶房主要见于赣榆北部地区,在连云港至盐城北部之间也偶有遗存,一般单体规模不过三间五架,明间(连云港一般称堂屋或当门地)面阔和进深约一丈左右,房间面阔不过八九尺,檐高七八尺,门窗洞口狭小,梁架屋望等亦十分简陋,室内地面以黄泥地面为最普遍,较高级的用三合土。具体到土墙的做法,主要分土坯砖墙和夯土墙两类。

土坯砖墙的做法首先是制作土坯砖,然后以土坯砖层层垒叠砌成墙体。先将泥和切碎的麦壳、麦秸秆(连云港称麦糠)掺水拌和均匀,放入一长方形木框内,即为一块泥坯,泥坯经过晾晒后变干变硬,即为土坯砖,其尺寸一般较青砖为大。土坯砖无须经火窑烧制,所以是"生"土,而烧制的青砖为"熟"土,所以苏北各地普遍称外砌砖墙、内垒土坯的墙体做法为"里生外熟"墙。

夯土墙的做法是直接用土填入木模,经层层夯实成墙,在连云港等地,这种夯土做法又叫"干打垒"。连云港的干打垒做法一般以黄土为原料,黄土用于夯筑前需先洒水,使黄土达到抓紧成团、松手即散的程度即可用于夯筑。夯筑时在拟夯墙体位置的内外两侧各顺墙摆放一根桁条作为模板,其净间距约500厘米,两根桁条间用细麻绳绑扎,麻绳的打结方法十分讲究,要既牢靠又便于抽出。在木桁条间填入黄土,用木锤夯筑,一层夯实后,在其上铺一层藁土(以黄土和碎禾杆拌制)。然后抽出麻绳,将桁条向上移,重新绑扎后再填土夯筑,如此层叠而上,一天即可夯高数米,夯筑至门窗洞口上方时要事先将木过梁埋入墙中。因以桁条做模板,所以夯完后的土墙表面是一个个内凹的圆槽棱,所以需要"铲墙修边"。先刮去凸起的棱口,然后用木拍子拍打平整,至此墙体夯筑完成。墙体夯好后,在需搁置梁架的梁底下方,用约一米多长的厚木板搁置在土墙上,称"垫梁板",或用砖或条石垫于梁下,以增加受力面积,防止土墙局部压陷。由于土墙不耐雨水冲刷和浸泡,一般夯土墙的墙下勒脚部分常以乱石块或砖砌筑或加碎砖石夯筑,并在屋面做完后用黄泥拌碎稻草(以麦秸为好)进行内外抹墙,以保护墙体。而屋面则多为悬山出檐的草顶,以减少雨水的侵蚀。赣榆黑林镇大树村刘少奇故居的屋面出檐做法是在土墙顶部埋短木棍出挑,其上承托并排的柴把做望层,然后再做泥背和草顶。草顶的用草一般均是就地取材,在连云港和赣榆等地是用"山草",其秆茎呈实心絮状,故比麦秸杆、稻草杆等空心草杆耐朽(图4.47)。

图4.47　赣榆黑林镇大树村刘少奇故居土墙

除上述土坯砖墙和夯土墙外,连云港还有一种类似于"编竹抹灰"造或"木骨泥墙"的土墙做法。据当地人介绍,其做法以木头做墙框,中间用木棍或编苇(用芦苇编织而成),或者更高级的柴把(用芦苇扎成径50～60厘米的小捆)做墙体维护骨架,然后在两侧抹泥。这种做法在调研中只有用于内隔墙的实例,而未见用于外墙的实例。

二、砖土混合墙

砖土混合墙在砌墙时同时使用砖和土(包括夯土和土坯)两种材料,曾广泛地使用于苏北农村及部分城市建筑,现在徐州、赣榆、响水一带尚有少量遗存。砖土混合墙的主要种类有:

(1)"里生外熟"墙,响水也称"外包砖",即墙外侧用砖(以土烧制,故名"熟土")砌筑,内侧用土坯砖(响水称"土夹")堆砌。墙面很厚,一般外侧砖墙厚12～15厘米,内

图4.48　响水灌河南里生
外熟墙

侧土坯厚40～50厘米。砖墙一般扁砌,丁顺结合以丁砖插入土坯砌体内相互拉结(图4.48)。

(2)"泥墙腰玉",即土墙中每隔一段用石灰和泥砌砖两皮。在淮安等地常用。

(3)"四角硬"或"出土青",即土墙房屋在重点部位使用部分砖墙。如墙角用砖,其他部位用土即称"四角硬";以砖砌勒脚、上为土墙在淮安称"出土青",根据勒脚层数的不同有"五层青"、"七层青"等。

(4)"一面青"、"进门青"、"四面青",淮安称谓,农村地主富户为彰显体面,在主要观看面使用全砖墙,而在次要面用土墙。一面青是单栋房的正面用砖墙,进门青、四面青是对院子而言,面向院落的前墙和院门用砖墙(图4.49、图4.50)。

图4.49　赣榆黑林镇大树村刘少奇故居墙面

图4.50　赣榆黑林镇大树村民宅土墙

第五章　基础、地面、柱础做法

第一节　基础做法

　　苏北平原民间传统建筑大多为木结构，一般以夯土进行浅层地基处理，同时承重木柱下端开挖点式基坑至老土，在坑底加碎砖石夯实，再以砖石砌筑柱墩至地平标高，上置磉石承重。此时墙体一般为非承重墙，故墙下亦只作浅层地基处理。

　　夯土浅层地基处理，一般均以石磨盘、石碾等充当临时夯筑工具，根据重量不同二人一组或三人一组。典型的如淮安的"打石滚子"，即在杠土抬高后的建筑土基上用"石滚子"（一种用于碾碎稻谷的瓜楞圆柱状的石制农具）夯实土层。打石滚共 13 个人，大杠 8 个，小杠 4 个，1 人喊号子（图 5.1），由下午开始（晚上点马灯、夜灯照明）到第二天早晨结束，只要打足遍数就算完工，不管土层是否平实，所以农村房子地面经常下沉。

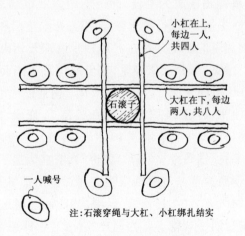

小杠在上，
每边一人，
共四人

石滚子

大杠在下，每边
两人，共八人

一人喊号

注：石滚穿绳与大杠、小杠绑扎结实

图 5.1　淮安打石滚示意图

　　磉墩砌筑，淮安称为盘磉。基址夯土并放线后，先抄水平，然后开挖柱坑，砌磉墩至地平标高。苏北绝大多数地区以"水盆抄平"，方法是以木盆（一般用较大的澡盆）盛满水，置于基址中心；在房屋平面对角线的木桩上拴一根线，通过水盆上方。水面上覆一张大红纸，用两根等长的柴棍（芦苇棍）垂直立于线下的纸面两端。调整线的两端位置，使其正好通过两根柴棍的上皮，即为水平线（图 5.2）。

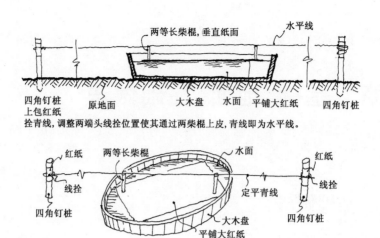

图 5.2　水盆抄平示意图

抄平后,在礩石位置开挖方坑,平面尺寸为礩石一倍,深度挖到老土为止,坑底打碎石一层,打夯拎高过膝 7 次,再在上面砌砖墩至地平标高(即礩石的下皮标高),在砖墩上摆放礩石。此即盘礩,按照现代结构属于点式基础。

传统上墙下基础不作特殊处理,在柱梁檩等木架立好(淮安称为"架料")后,在山墙位置的夯土地基上稍作平整,即开始砌筑基础墙(淮安称"墙脚",一般只有两皮砖高),一般砌至和地平即礩墩上皮同高,其上再开始砌正身墙体。

到近代以后,硬山搁檩逐渐成为主流,即山墙成为承重墙之后,才出现在承重墙(主要是东西山墙和前后檐墙)下进行挖土夯实,用三合土垫层和砖石砌筑基础墙等方式的浅基础。硬山搁檩建筑的墙基一般在放线抄平后即开始砌筑。首先沿墙轴线挖脚槽(淮安称"开脚")。槽宽、深分别依墙厚、老土层位置不同而变化。连云港多用较厚的石墙,一般挖槽 60~70 厘米深,70~80 厘米宽。南通近代用 24 厘米厚砖墙,故后墙基础自轴线外放 21 厘米(砖墙 24 厘米,柱中线外侧 21 厘米,内侧 3 厘米,使墙内皮和檐桁下 6 厘米宽的连机内皮平),前墙放 30 厘米(砖墙自身厚度 24 厘米,墀头放出 6 厘米,若出檐深远者更多)。槽底夯实(俗称"打夯"),有些大房子还在槽内打木桩入土以求加固,各地往往在槽底放置一些财物以图吉利。徐州是将五谷和柴灰撒在槽内,边撒边喊:"五谷丰登,财气有余"。扬州、连云港、苏州等地则是在四个角上各放一枚铜钱,是为"太平钱",寓意四平八稳。有的地方放"金砖",即屋主用红纸包八块砖,于四角各放两块,砖下放太平钱,以求财源茂盛。然后先砌基础墙(盐城、淮安称"脚子"),连云港、徐州等多石地区以石为主,多数地区以砖砌为主。

另据《江苏省志·建筑志》,"从道光二十年到民国三十八年(1840—1949 年)兴建的近代建筑,2~3 层房屋仍沿用上述基础,3 层以上的多为条形基础,很少使用桩基础,形式都较为简单"。

第二节　地面做法

一、室内地面

传统民居一般在梁架、墙体、屋面均完成后才作室内地面。首先是回填基础坑槽,平土至所需标高(根据地面做法不同而不同),若土不高,须另加土夯填。然后作面层。

根据面层做法分类,苏北民居的地面做法大致可以分为四种类型,按用料规格和施工复杂的程度从高到低依次是:

(1) 罗底砖地面

广泛分布于苏北各地,是级别最高的地面做法,但未见实例。罗底砖是一种做工考究的大方砖,平面尺寸所见有 30 厘米见方和 45 厘米见方两种,前者一般用于寺庙、衙署,后者多用于民宅厅堂。罗底砖不外正铺和 45 度斜铺(扬州称"吊角罗底")两种铺法,均磨砖对缝,以糯米汁弥缝。其下基层做法最高级的是瓦缸架空的"响堂作"基层(图 5.3),其次也有砖砌方格地垄墙基层和细砂实铺基层。响堂作先在夯实的基土上铺一层蛤蜊壳(其成分类似石灰,有吸湿收潮的作用),其上阵列状摆放倒扣的陶盆或小缸,缸内填石灰或木炭以吸湿收潮。因其架空、陶缸内空腔有共鸣效果,可使厅内声音洪亮,故名"响堂作"。

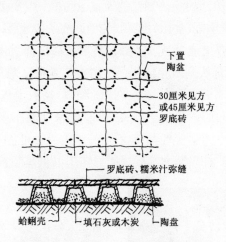

图 5.3　响堂作罗底砖地面示意图

(2) 条砖地面

条砖地面在城乡普通民宅的堂屋、房间中最为常用,一般直接铺于夯实土基面上,较考究的还在土基面上垫一层细砂。室内条砖地面一般以大面平铺,很少仄砌,尽管条砖的尺寸各地差别很多,但从调研中的实例所见,室内地面的铺法不外"套方八字锦"、"'卐'字锦"、"十字缝"等三种形式,仅有极少数的室内地面用"人字缝"或"席纹"

（本处地面做法名称均借用刘大可《中国古建筑瓦石营法》）（图 5.4）。

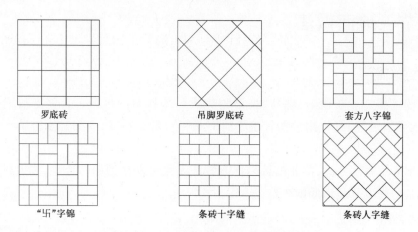

图 5.4　室内罗底砖及条砖铺砌样式

（3）灰土地面

农村普通民宅常用，城镇较少。泰兴农村灰土地面，一般用烂泥和石灰按体积比 70∶30 干拌拍实。

（4）烂泥地

黏土或黄土拍实。一般为农村简陋房屋或次要房间的室内地面。

堂屋在苏北民居中是会客和举行祭祖等礼仪活动的场所，所以一般地面做法相对考究，常有堂屋用罗底砖而房间用条砖铺底的做法。房间则更注重寝卧起居的舒适，所以在城镇传统民居中一般是明间（堂屋）用罗底砖地面或条砖地面，而房间常用木地板。

木地板用龙骨架于夯土地面、碎砖地面，甚至条砖地面之上，一般长边平行于进深方向（图 5.5），和现代木地板基本相同。为了防止木地板下龙骨受潮朽坏，使用木地板的建筑一般均必须在木地板下的外墙上开透气洞口，以利空气流通散潮（图 5.6）。东台地区据说夏天还在房间的木地板上铺设木地席，木地席相当于低矮的方凳，夏天以若干张地席拼于地板之上为主要的活动区。作者认为它可能与席地而坐的古制有所联系，木地板为"筵"满铺室内，而地"席"铺于"筵"上以供坐卧，可惜未见实例。

图 5.5　扬州汪氏小苑内的木地板和板壁

图 5.6　淮安周恩来故居的地板透气孔

二、室外地面

宅内室外地面一般要在建筑竣工后才开始施工,而街道地面则往往为官方或公共工程,也和普通民间营造无关,但为叙述方便,一并归入本节。室外地面在农村多为自然黄土地面,而在城镇中则多为铺砌地面。室外的铺设材料绝少用罗底砖,而以小条砖和石材为主,宅园中有时也用乱石铺地。总体说来,室外地面的铺设做法比室内地面更加丰富多彩。

小条砖室外地面一般多仄砌,少平铺,铺砌式样以人字缝、席纹和十字缝为常见(图 5.7)。石材地面在少石地区为高级做法,一般以方整青石板十字缝铺砌,也有少量的冰裂纹石板地面。而在连云港、徐州等多石地区则较为常见,用料也大多不甚规整。民居在宅内室外铺地上往往根据平面形状和使用功能灵活变通,以条砖或条砖和石材相互配合以构成各种地面构图,十分美观(图 5.8~图 5.10)。但不论何种铺砌方式,均十分注意排水,一般中间高而四周较低,周边做排水明沟或暗沟通向宅外水道。

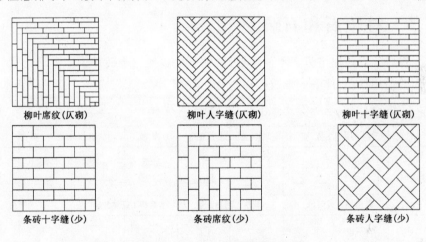

柳叶席纹(仄砌)　　　柳叶人字缝(仄砌)　　　柳叶十字缝(仄砌)

条砖十字缝(少)　　　条砖席纹(少)　　　条砖人字缝(少)

图 5.7　室外地面条砖铺砌方式图

图 5.8　泰州高港孙家花楼天井石板地面

图 5.9　南通南关帝庙巷 11 号室外地面

街道或巷道的地面各地均普遍使用石材,根据街巷宽度使用石板的数量不同,最常见的是一横两卧的"三条石"做法,两侧和建筑邻接处用仄砖铺砌(图5.11),连云港民主路以大毛石板铺成人字缝的宽阔街道,是年代较晚的孤例。

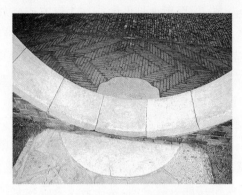

图 5.10 扬州汪氏小苑室外地面　　　　图 5.11 海安东大街三条石街道

第三节 柱顶石和石礩、木櫍

苏北农村的普通住宅大多不使用柱础,柱子直接搁置于砖地面或砖墩之上。城镇住宅大多数使用柱础,柱础的形式可以分为"素平"、"鼓镜"、"覆盆"等三种基本形式,以及增加木櫍、石礩或鼓墩的各种组合形式(图5.12)。

	平面	立面	平面	立面	平面	立面	平面	立面
木质柱础	黄桥古风广场		黄桥丁西林故居		黄桥丁西林故居		大丰白驹	
石鼓柱础	泰兴朱东润故居		高港孙家雕花楼		扬州南河下		高邮明清街	
鼓镜柱础	扬州个园		扬州丁家湾民居		黄桥新四军纪念馆		高邮西后街民居	
覆盆柱础	淮安东岳庙		淮安东岳庙卫皇殿		兴化城隍庙		徐州云龙山兴化寺	
组合式柱础	扬州丁家湾民居		盐城陆秀夫祠		泰州高港区城隍庙		泰兴明代住宅	

图 5.12 苏北各地柱础样式图

苏北各地的素平柱础一般用于城镇的简单
住宅,形若方形石板,表面平整无凸起,一般光
洁素面,也有边缘凿毛或剁斧的做法,偶有施简
单线刻的实例。鼓镜柱础的分布遍及苏北各
地,在多数地区占据数量上的绝对优势,这和鼓
镜在清官式建筑中的正统地位是吻合的。覆盆
柱础在苏北也有少量的实例,多数均为明末以
前的早期做法(图5.13～图5.14)。

图 5.13　泰州高港咸宅柱础

在上述三种柱础之上增加木櫍或石鼓就形
成多种形式的组合柱础。石鼓在苏北各地十分常见,做法也简繁多样。值得注意的是
木櫍柱础。

木櫍柱础在苏北主要分布于苏北东南部地区(图5.15、图5.16),以南通、海安、东
台、泰兴黄桥镇最为普遍,数量上占绝对优势并一直沿用到至今;周边的扬州、泰兴、高
港、绍伯、大丰等地也有少量的木櫍、石櫍或櫍状组合柱础的实例(图5.17),但一般为
较早期建筑,晚期以鼓镜为主,除此之外的其他地区没有使用木櫍的实例。

图 5.14　南通天宁寺覆盆木櫍柱础

图 5.15　泰兴黄桥镇丁西林故居木櫍柱础

图 5.16　江都邵伯镇某宅木櫍柱础

图 5.17　大丰白驹镇某宅石礩柱础

　　上述使用木櫍的地区普遍将柱础和柱顶石统称为"礩磉",木櫍部分南通称"木櫍"或"木礩磉",海安、东台等地称"软磉",木櫍下的柱顶石南通称"石礩磉",海安、东台则称"硬磉"。木櫍的断面上部呈内凹的曲线,但下为内收的斜线,与宋式的木櫍断面不同。此外少数地区也有类似鼓形的凸弧线断面的木櫍。用木櫍的地区大多为实心的真木櫍,而鼓形的木櫍往往是外包的假木櫍。

　　按东台匠师介绍,一般在柱脚留方头榫(类似管脚榫),软磉(即木櫍)分左右两半,上面各开出半个方卯口,中间用毛竹签(较薄,在软磉矮的情况下用)或木栓子(较厚,在软磉高的情况下用)连接两半。

　　通泰地区传统建筑一直沿袭櫍状柱础、举折提栈、生起屋面等众多古制;通泰方言区也是方言学界公认的保存古语音义最多的方言片之一,这是十分值得研究的文化学现象。

第六章 初步研究结论

一、苏北传统建筑技艺区划的初步结论

1. 苏北传统建筑各部技艺分区

从本书前面各章中,我们对苏北传统建筑的所有各部做法均进行了分区比较,现择取其中较为清晰的五种做法分区以供比较:

(1) 梁架体系的三个分区(图6.1)

通扬泰及盐城南部穿斗梁架区:以正交穿斗梁架为主,另有少量的正交抬梁梁架。

淮安抬梁梁架区:以正交抬梁梁架为主,正交穿斗梁架为辅。

徐海三角梁架区:以三角梁架为主,另有少量的正交抬梁和正交穿斗梁架。

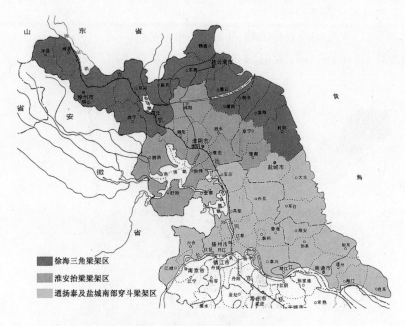

图例
■ 徐海三角梁架区
▨ 淮安抬梁梁架区
░ 通扬泰及盐城南部穿斗梁架区

图6.1 苏北梁架类型分区图

(2) 屋面提栈的三个分区(图6.2)

通泰和盐城南部地区:以举折做法为主。

扬州地区:以举架做法为主,受到举折做法的部分影响。

淮安、盐城北部地区,宿迁、连云港、徐州地区:以直屋面为主,无提栈折线。

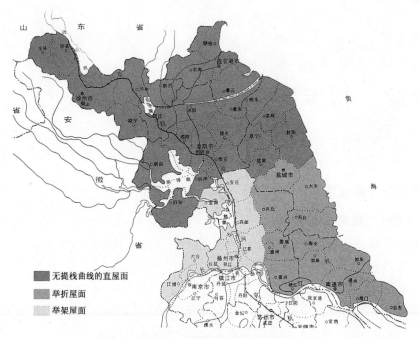

图 6.2　苏北屋面提栈分区图

（3）砌筑材料的两个分区（图 6.3）

徐海地区：以大量使用石材为特色，砖、土亦为常用。

其他地区：以砖、土为主，仅在极少数关键部位少量使用石材。

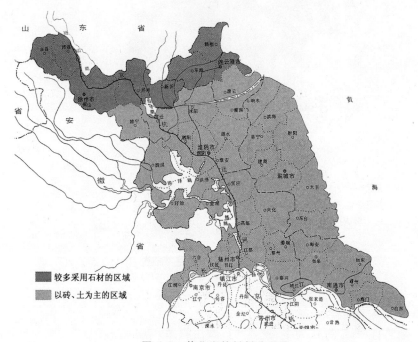

图 6.3　苏北砌筑材料分区图

(4) 砖墙组砌方式的两个分区(图 6.4)

徐海地区:以全用扁砖的满顺满丁砌法为主。

其他地区:以丁顺结合、扁斗结合的各类砌法为主,极少有满顺满丁砌法。

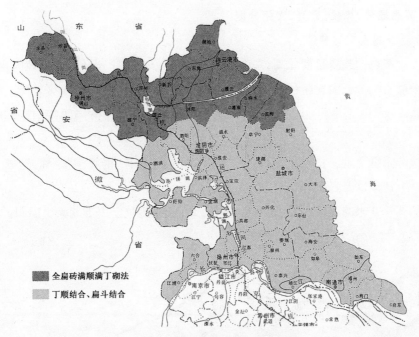

图 6.4 苏北砖墙组砌方式分区图

(5) 柱础样式的两个分区(图 6.5)

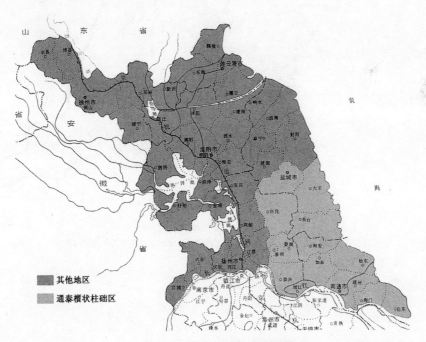

图 6.5 苏北柱础样式分区图

通泰及盐城南部地区：以习用木櫍或石礩柱础为特色，鼓镜、石鼓、覆盆亦较常见。

其他地区：以鼓镜和石鼓柱础为主，少量的覆盆柱础，极少木櫍或石礩柱础。

2. 苏北地势、气候、方言、文化分区

（1）苏北地势分区❶

苏北地势总的趋势是西北高，东南低，山地主要分布在徐州及连云港地区，此外在扬州西部尚有部分低山丘陵(图6.6)。从海拔高度上可以划分为三个区。

海拔20米以上地区：以连云港、宿迁、徐州地区为主，扬州西部、仪征的部分地区。

海拔2米以下地区：主要为苏北中部的里下河平原，有"锅底洼"之称，地域上包括射阳、阜宁、建湖以及兴化、高邮、宝应的部分地区。

海拔2～20米的地区：除上述两区的其他地区，在地域上占苏北大半面积。

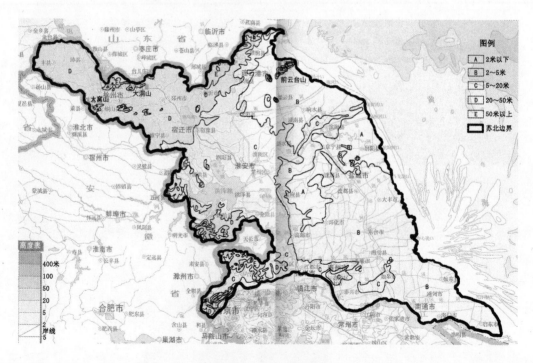

图6.6　江苏地势图
引自江苏省基础地理信息中心.江苏省地图册.北京：中国地图出版社,2004

---

❶　江苏省基础地理信息中心.江苏省地图册.北京：中国地图出版社,2004

（2）苏北气候分区❶

苏北南北纵长，其年平均气温也相应由南向北逐降。年降雨量总的趋势为南高北低，以射阳、建湖、高邮一线为年降雨量1 000毫米的分界线，其中春、秋、冬三季降雨量均呈从南向北递减的趋势，但夏季降雨反呈从南向北的递增而以连云港最高（图6.7）。

图6.7 江苏气候图
引自江苏省基础地理信息中心.江苏省地图册.北京：中国地图出版社，2004

（3）苏北方言分区❷

江淮方言区：苏北大部分地区属此，又分为扬淮片、通泰片。

吴方言区：苏北东南小部分地区属此，又分属苏州片和常州片。

北方方言区：苏北北部小部分地区属此，又分徐州片和赣榆片（图6.8）。

---

❶ 江苏省基础地理信息中心.江苏省地图册.北京：中国地图出版社，2004

❷ 江苏省地方志编纂委员会.江苏省志·方言志.南京：江苏人民出版社，2002

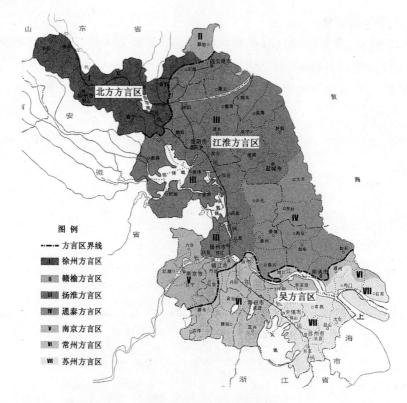

图 6.8   江苏方言分区图

（4）苏北文化分区

在马森材、张砾所著的《江苏区域文化研究》中，将江苏分为江南吴文化区和江北徐汉文化区。而王长俊著《江苏文化史论》中，则将苏北文化又区分为三个子文化区：

徐淮文化区，或称楚汉文化区。包括徐州、淮阴、宿迁以及连云港、盐城的部分地区，是以项羽西楚王国和刘邦西汉帝国所体现的巍巍雄风为标志的区域性文化。

维扬文化区，名出《尚书·禹贡》"淮海惟扬州"（"惟"通"维"）。该文化区以扬州和泰州为中心，主要表现为在南北文化交流中形成的清新优雅与豪迈超俊的结合。

苏东海洋文化区，包括江苏东部的南通、盐城、连云港的沿海区域。该区域文化和上海早期文化一样，开放而具有活力（图 6.9）。

3. 苏北传统建筑技艺分区初探

将上述传统建筑各部技艺分区和地势、气候、方言、文化分区进行比较研究，尽管各种分区范围不尽一致甚至差别很大，但作者认为还是可以初步归纳出苏北传统建筑技艺整体上的四个分区，现将各区的主要特征说明如下（图 6.10）：

（1）徐海区

以徐州、连云港为中心，辐射范围包括宿迁和盐城北部地区。徐海区位于苏北的北端，是楚汉文化的核心地区；方言以北方方言为主，东南部为江淮方言的扬淮片；总体上地势为苏北最高部分；年降雨量和平均气温为苏北最低。徐海区传统建筑技艺特征强烈,具有较高的一致性。在梁架形式上以三角梁架为主,正交屋架喜用跨度很大的六界檐柱造;屋面为坡度较陡的直屋面,无提栈曲线;因区内多山故建筑材料多用石材,砖墙以满顺满丁的全扁砖砌法为主。

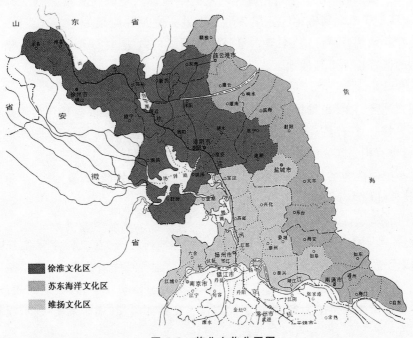

图 6.9　苏北文化分区图

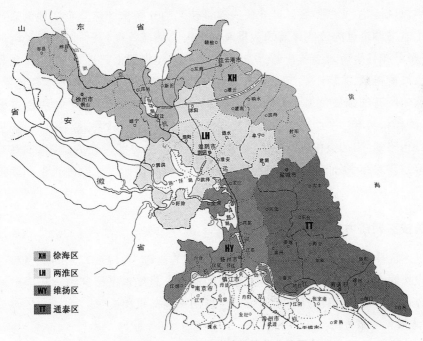

图 6.10　苏北传统建筑技艺分区图

（2）通泰区

包括南通、泰州和盐城南部地区。通泰区位于苏北东南部，与江淮方言通泰片的范围完全吻合，在文化分区应主要属于受维扬文化影响的苏东海洋文化区，区内地势低平，年平均气温和降雨量为苏北最高的地区。通泰区传统建筑技艺特征亦较为统一，整体上区别于苏北其他地区。梁架形式上以正交穿斗梁架为主，东部沿海喜用扁作中柱造穿斗屋架，没有三角梁架。屋面提栈用举折做法，柱础形式喜用木櫍、石礩，覆盆柱础的遗存也多于其他地区。

（3）维扬区

以扬州地区为主，是维扬文化和江淮方言扬淮片的核心地区。扬州历来是运河沿线的繁华大都会，在传统建筑技艺上表现为各类做法兼收并蓄。梁架以圆作正交穿斗做法为多，也有相当部分的圆作正交抬梁梁架，扁作梁架很少，没有三角梁架。屋面提栈曲线以举架做法为主，也受到举折的部分影响。柱础以鼓镜、石鼓为多，少量的覆盆柱础，櫍状柱础极为少见。

（4）两淮区

以淮安、淮阴为主，是江淮方言扬淮片的核心地区之一，在文化上受维扬文化影响，但更接近楚汉文化。淮安乃漕运总督府所在的运河沿线大都市，历来是南船北马的转换地，所以传统建筑技艺也富有多样性，表现出明显的介于徐、扬之间的过渡性。梁架以圆作正交抬梁做法为多见，少量的圆作正交穿斗梁架，扁作梁架极少，没有三角梁架。屋面为直屋面，没有提栈曲线。

需要说明的，由于前辈学人鲜有涉足苏北传统建筑技艺的研究，缺少足够的既有研究成果可以借鉴，所以作者对苏北传统建筑技艺的分区全部建立在实地调研的基础上。虽然本书调查过的传统建筑的数量及其分布的地域范围均已过半，但受时间限制尚有 24 个县和县级市未能前往调研，其区域归属是作者根据其地缘、行政区划和路经时的印象推测得来，具有不确定性。调查过的地区范围较大，建筑技艺本身包罗广泛，同一分区中所有细部技艺做法并不完全一致，不同分区中所有技艺做法也有相同之处，尤其维扬和两淮二区由于运河的便捷联系，有着千丝万缕的关系，所以只能从大类出发进行粗略划分，加上作者自身专业知识和调查方法可能存在的缺陷，本书对苏北传统建筑技艺的四个分区必然不够准确和全面，仅作为抛砖引玉以供讨论和修正的初步结论。

二、建筑技艺调研方法的反思和探讨

传统建筑技艺研究必须建立在大量实地调查的基础上，调查方法的适当与否关系到调研收获的大小，并最终影响到研究成果的质量。总结本书研究中三次集中调研的经验和教训，作者拟对建筑技艺的调研方法提出一些探讨和设想。

1. 访谈和考察方法

调研访谈之前的准备工作十分重要。由于传统技艺的调研对象以传统匠师为主，他们拥有丰富的实践经验但疏于总结、整理和表达；况且建筑技艺本身内容庞杂无涯，受访者往往不知从何谈起，谈哪些内容，如何准确地用语言表达；若其临时以绘图说明问题，也往往潦草难懂。所以要提高访谈的效率和收获，必须由调研者按事先准备好的提纲向匠师提问，引导他们逐条讲述。访谈提纲的内容是否完备、条理是否清晰、顺序是否合理是访谈效率高低和收获大小的关键。

访谈提纲必须按从下到上或其他清晰的顺序详细列出建筑各个细部的清单，对每个细部的材料、做法要预先设想各种可能性，最好能对材料种类及其尺寸列出表格，对各种可能的做法画出草图或找出相应的照片。访谈前必须先行考察建筑实例，并根据实地情况调整访谈表格，做到有的放矢。访谈时按访谈提纲顺序提问，将材料种类和尺寸填入表格，并请工匠对照草图或照片说明细部做法，如果和某图片或照片吻合则直接记录其编号，如果都不吻合，则在现有的草图上进行修正并与工匠讨论确认。如此即可保证访谈不漏项，且条理清晰、表达明确，并且有助于把各地的调研图表加以比较、总结规律。访谈提纲和表格、草图或照片必须注意经常整理，并不断增补完善。

严格意义上传统建筑技艺的研究应该能有尽量多的实测数据资料，作者调研过程中只身一人难以对建筑进行简单的测绘，苦于缺少精确数据的支撑，所以建筑技艺的调研最好能由两人以上的小组进行，除了可以进行测绘以获取数据，进行合理分工后分头调研也可以大大提高工作的进度，节约时间并获得更多的一手资料。

2. 关于建立《古建筑（技艺）特征调查表》的设想

方言学的调查工作以全国统一的《汉语方言调查字表》为基础，各地经增减后即形成本地方言的调查字（词）表，调研人员根据表格以通用注音方法记录特定单字或词汇的方言发音，然后按照某一个或一组单字或词汇为单位绘制其分布地图，再将所有单字和词汇分布地图叠加起来，最终归纳出方言的分区特征。作者设想在传统建筑或建筑技艺的调研中能否借鉴方言学的方法建立类似的《古建筑（技艺）特征调查表》，对建筑每个层面、各种大小构件，按材料、尺寸和样式类型图进行详细的排比罗列，并予以编号。调查中以此表为基础，以编号或编号组合记录，然后归纳某一建筑构件特征（即某一编号）在各地的分布情况并绘制该构件做法的特征分布地图，将所有的特征分布地图叠加比较，就可总结出古建筑及其技艺的特征分区。

3. 关于和地方政府协同工作的设想

作者认为单纯依靠高校或研究机构进行建筑技艺的调研工作是远远不够的，或者说是效率较低的，如果能够和各地方政府联合开展传统建筑技艺的调研将能够大大提高工作效率和最后的成果质量。地方政府更掌握本地传统建筑和建筑匠师的分布情况，并能够邀请到本地的传统匠师积极配合传统建筑技艺的研究工作。由于如作者等普通高校或科研机构的研究者虽然具有一定的专业知识，但没有传统建筑的施工经验，不了解地方基本情况，且方言不通，所以传统建筑技艺的一手资料如果能由传统匠师本人在研究者的帮助和指导下撰写应是最理想的方案。研究人员在匠师的初稿基础上运用专业知识进行归纳、总结，使其更加规范和完善，即可清晰全面地整理出当地的传统建筑技艺资料。作者衷心希望能有机会以上述方式和地方政府合作，作传统建筑技艺调研的尝试。

三、尚待研究的相关课题

1. 建筑工具及小木作、砖石雕刻、油漆彩画技艺的研究

作者注意了对建筑工具、小木作、建筑雕刻、油漆彩画等技艺的调研，但最终未能纳入研究的范围之内，其原因有两个方面。一方面如建筑工具和油漆彩画，由于现存实例较少，作者在有限的时间内没有收集到足够的一手资料，也没有找到专门匠师，难以加以研究。另一方面如小木作和砖、木、石雕等建筑雕刻技艺虽然实例很多，但未能寻访到专门匠师，如果纯粹从样式上研究则又过于庞杂，远远超出了作者能力和时间限度，所以只能暂时付诸阙如，以待来日进行补充调查和研究。

2. 苏北传统建筑技艺与苏南、安徽、山东等周边地区关系的研究

由于时间和精力所限，作者未能对苏南、安徽、山东等周边地区的传统建筑技艺开展详细的调查，暂时只是有些尚未检验的线索和设想。如通泰地区在扁作梁架、櫍形柱础、屋脊样式和部分风俗等方面和苏、常一带有着较多的共通性；而扬州地区的建筑做法和风俗则和宁、镇一带互有影响，淮安匠师黄世勋称该地木匠大多祖籍苏州阊门，属于香山帮；北部徐海地区和山东鲁南等地同以三角屋架为主，在建筑外观和油漆色彩等方面也和鲁南建筑有着诸多相似之处；苏北全境，尤其是运河沿岸的重要城镇和南北沿海曾为海盐集散地的城镇中，大量徽商的辐集必然带来徽州建筑的影响，等等。这些假设都只能留待将来对周边地区深入调查后再行比较和研究。

3. 传统建筑技艺在现代遗产保护及建筑设计的应用研究

记录、整理和保存是现阶段最为迫切的抢救性研究工作，是我们进一步研究传统建筑技艺的基础。传统建筑技艺的研究对当今建筑遗产保护和复原工作具有重要的指导意义，我们要做到修旧如旧的维修和尽量接近原状的复原就必须对特定建筑遗产所在地区的传统建筑技艺进行学习，并尽量使用地方材料、样式和技艺做法，避免历史年代和地域的混淆。除了在建筑遗产领域中的直接运用外，在艺术造型、材料运用和结构、构造等方面，传统建筑技艺可以为时下建筑设计提供创造的灵感和源泉。从1920—1930年代的"中国固有形式"的"传统复兴"，到1950—1960年代"历史主义"的探索，再到1980—1990年代的创造具有"中国特色"现代建筑的尝试❶，中国建筑师仍然没有走上现代建筑和传统文化完美结合的坦途。研究传统建筑技艺在现代建筑设计和施工中的运用，或许可以为探索现代建筑的中国特色这一逐渐归于沉寂的梦想提供新的思路和途径。

---

❶　潘谷西.中国古代建筑史(第四卷).北京:中国建筑工业出版社,2001

参考文献

[1] 李诫. 营造法式. 1933 年初版,1954 年重印. 北京:商务印书馆,1954

[2] 李斗. 扬州画舫录. 北京:中华书局,2007

[3] 李渔. 一家言居室器玩部·工段营造录. 上海:上海科学技术出版社,1984

[4] 中国营造学社. 中国营造学社汇刊. 北京:知识产权出版社,2006

[5] 梁思成. 梁思成全集. 北京:中国建筑工业出版社,2001

[6] 刘敦桢. 刘敦桢全集. 北京:中国建筑工业出版社,2007

[7] 刘致平. 中国建筑类型及结构. 北京:建筑工程出版社,1957

[8] 陈明达. 营造法式大木作研究. 北京:文物出版社,1981

[9] 陈明达. 中国古代木结构建筑技术(战国—北宋). 北京:文物出版社,1988

[10] 陈明达.《营造法式》辞解. 天津:天津大学出版社,2012

[11] 姚承祖原著,张至刚增编,刘敦桢校阅. 营造法原. 北京:中国建筑工业出版
     社,1986

[12] 张驭寰,郭湖生,等. 中国古代建筑技术史. 北京:科学出版社,1985

[13] 潘谷西. 中国建筑史. 第 6 版. 北京:中国建筑工业出版社,2009

[14] 刘叙杰. 中国古代建筑史(第一卷). 北京:中国建筑工业出版社,2003

[15] 傅熹年. 中国古代建筑史(第二卷). 北京:中国建筑工业出版社,2001

[16] 郭黛姮. 中国古代建筑史(第三卷). 北京:中国建筑工业出版社,2003

[17] 潘谷西. 中国古代建筑史(第四卷). 北京:中国建筑工业出版社,2001

[18] 孙大章. 中国古代建筑史(第五卷). 北京:中国建筑工业出版社,2002

[19] 潘谷西.《营造法式》解读. 南京:东南大学出版社,2005

[20] 祁英涛. 中国古代建筑的维修与保护. 北京:文物出版社,1986

[21] 祁英涛. 怎样鉴定古建筑. 北京:文物出版社,1986

[22] 朱光亚. 古建筑鉴定与分析补遗(未刊稿). 南京:东南大学建筑学院课稿,1990

[23] 文化部文物保护科研所. 中国古建筑修缮技术. 北京:中国建筑工业出版社,1994

[24] 井庆升. 清式大木操作工艺. 北京:文物出版社,1985

[25] 马炳坚. 中国古代建筑木作营造技术. 北京:科学出版社,1997

[26] 刘大可. 中国古建筑瓦石营法. 北京:中国建筑工业出版社,2000

[27] 刘大可. 古建筑工程施工工艺标准. 北京:中国建筑工业出版社,2009

[28] 田永复. 中国园林建筑施工技术. 北京:中国建筑工业出版社,2003

[29] 田永复.中国古建筑构造答疑.广州:广东科技出版社,1997

[30] 刘一鸣.古建筑砖细工.北京:中国建筑工业出版社,2004

[31] 过汉泉.古建筑木工.北京:中国建筑工业出版社,2004

[32] 李金明.古建筑瓦工.北京:中国建筑工业出版社,2004

[33] 孙俭争.古建筑假山.北京:中国建筑工业出版社,2004

[34] 王鲁民.中国古典建筑文化探源.上海:同济大学出版社,1997

[35] 王其亨.风水理论研究.天津:天津大学出版社,1992

[36] 祝纪楠.《营造法原》诠释.北京:中国建筑工业出版社,2012

[37] 张十庆.中日古代建筑大木技术的源流与变迁.北京:中国建筑工业出版社,2004

[38] 李浈.中国传统建筑形制与工艺.上海:同济大学出版社,2006

[39] 李浈.中国传统建筑木作工具.上海:同济大学出版社,2004

[40] 郭华瑜.明代官式建筑大木作.南京:东南大学出版社,2005

[41] 林会承.传统建筑手册——形式与作法篇.台北:艺术家出版社,1995

[42] 李乾朗.台湾传统建筑匠艺一辑—七辑.台北:台湾燕楼古建筑出版社,1995—2003

[43] 李乾朗,阎亚宁,徐裕健.清末民初福建大木匠师王益顺所持营造资料重刊及研究.台北:台湾"内政部"出版印行,1996

[44] 崔晋余.苏州香山帮建筑.北京:中国建筑工业出版社,2004

[45] 林文为,曾经民.闽南古建筑做法.香港:香港闽南人出版有限公司,1998

[46] 张玉瑜.福建传统大木匠师技艺研究.南京:东南大学出版社,2008

[47] 江苏省地方志编纂委员会.江苏省志·建筑志.南京:江苏人民出版社,2002

[48] 江苏省地方志编纂委员会.江苏省志·民俗志.南京:江苏人民出版社,2002

[49] 江苏省地方志编纂委员会.江苏省志·方言志.南京:江苏人民出版社,2002

[50] 唐云俊.江苏文物古迹通览.上海:上海古籍出版社,2000

[51] 邹逸麟.中国人文地理.北京:科学出版社,2001

[52] 张森材,马砾.江苏区域文化研究.南京:江苏古籍出版社,2002

[53] 王长俊.江苏文化史论.南京:南京师范大学出版社,1999

[54] 顾黔.通泰方言音韵研究.南京:南京大学出版社,2001

[55] 江苏省基础地理信息中心.江苏省地图册.北京:中国地图出版社,2004

[56] 张仲一,曹见宾,傅高杰,等.徽州明代住宅.北京:建筑工程出版社,1957

[57] 吴县政协文史资料委员会.蒯祥与香山帮.天津:天津科学技术出版社,1993

[58] 阎英.传统民居艺术.济南:山东科学技术出版社,2000

[59] 吴建坤.老房子——名居.南京:江苏古籍出版社,2002

[60] 汉风.走近户部山.北京:中国戏剧出版社,1999

[61] 汉风.寻找徐州老建筑.北京:中国戏剧出版社,2000

[62] 泰兴县志编纂委员会办公室.泰兴一览.南京:南京出版社,1989

[63] 李浈.中国传统建筑木作加工工具及其相关技术研究.南京:东南大学博士学位论文,1998

[64] 张玉瑜.福建民居及其区系研究.南京:东南大学硕士学位论文,2000

[65] 李国香.江西传统民居及其区系研究.南京:东南大学硕士学位论文,2001

[66] 马晓亮.四川盆地民居的类型及特征.南京:东南大学硕士学位论文,2001

[67] 杨慧.匠心探源——苏南传统建筑屋面与筑脊及油漆工艺研究.南京:东南大学硕士学位论文,2004

[68] 石宏超.苏南浙南传统建筑小木作匠艺研究.南京:东南大学硕士学位论文,2005

[69] 程小武.刀走龙蛇天地情——徽州建筑三雕研究.南京:东南大学硕士学位论文,2005

[70] 郑林伟.福建传统建筑工艺抢救性研究——砖作,灰作,土作.南京:东南大学硕士学位论文,2005

[71] 朱穗敏.徽州地区传统建筑彩绘工艺与保护技术研究.南京:东南大学硕士学位论文,2008

[72] 纪立芳.彩画信息资源库体系的探讨——以太湖流域明清彩画研究为基础.南京:东南大学硕士学位论文,2008

[73] 钱钰.大理州白族传统建筑彩绘及灰塑工艺研究.南京:东南大学硕士学位论文,2009

[74] 张喆.大理喜州白族民居彩绘研究.南京:东南大学硕士学位论文,2009

[75] 杨俊.胶东半岛海草房营造研究.南京:东南大学硕士学位论文,2010

[76] 张磊.明官式建筑小木作研究.南京:东南大学硕士学位论文,2006

[77] 高琛.传统建筑施工案例研究——南捕厅修缮工程施工工艺剖析.南京:东南大学硕士学位论文,2008

[78] 龚伶俐.法古修今——南京陶林二公祠迁建修复工程研究.南京:东南大学硕士学位论文,2009

[79] 朱宁宁.《新编鲁般营造正式》注释与研究.南京:东南大学硕士学位论文.2007

[80] 安鹏.中国传统建筑工艺技能等级评定模式初探.上海:同济大学硕士学位论文,2008

[81] 田松.纳西族传统宇宙、自然观,传统技术及生存方式之变迁.北京:中国科学院研究生院博士学位论文,2002

[82] 陶沙.中国传统民居的乡土工艺性研究.哈尔滨:哈尔滨工业大学硕士学位论文,2003

[83] 杨立峰.匠作·匠场·手风——滇南"一颗印"民居大木匠作调查研究.上海:同济大学博士学位论文,2005

[84] 李哲扬.潮汕传统建筑大木构架研究.广州:华南理工大学博士学位论文,2005

[85] 宾慧中.中国白族传统合院民居营建技艺研究.上海:同济大学博士学位论文,2006

［86］张昕.山西风土建筑彩画研究.上海:同济大学博士学位论文,2007

［87］曹晓丽.屋顶下的"秘密"——紫禁城古建筑传统苫背工艺.紫禁城,2008,166(11)

［88］钟行明.中国传统建筑工艺技术的保护与传承.华中建筑,2009,27(3)

［89］张昕,陈捷.传统建筑工艺调查方法.建筑学报,2008,484(12)

致　谢

　　本书的完成和出版,首先要感谢我在修身治学上的终身导师——朱光亚教授。十五年前,我参与了朱师主持的江苏省科技厅资助项目《江苏传统建筑工艺抢救性研究》(BS2000097),从此开始了苏北传统建筑工艺的调查研究,课题的研究结论构成了本书的基本内容。

　　感谢东南大学建筑学院陈薇教授、张十庆教授等师长给我的教益和帮助。

　　感谢江苏省科技厅,感谢江苏省文化厅龚良副厅长、束有春处长,感谢江苏省文物局刘谨胜局长和李民昌、苏同林、盛志伟三位处长,感谢所有帮助过我的苏北各地文物、建设主管部门的领导和工作人员,感谢苏北各地古建公司及工程队,他们的支持和帮助是本书调研工作得以开展的关键。

　　感谢本书调研过程中各地所有访谈过的匠师和专家,以及给予我帮助的热心群众,他们是苏北传统建筑技艺真正的创造者和继承者,是本书的源头。

　　感谢我的父母和姐姐们,以及已经仙逝的奶奶、外婆和舅舅,他们的养育和关爱造就了我今天的一切。感谢我的爱人李岚,她不仅照顾我和我们一双可爱的女儿,让我们的家充满幸福和欢乐,还给予我学术和事业上的帮助。

　　最后,感谢东南大学出版社的编辑们,他们专业、细致、智慧的辛勤工作,促成了本书的顺利出版。

李新建
二〇一四年七月

内容提要

本书在大量实地考察和匠师访谈的基础上,对苏北各地的传统建筑技艺进行了细致全面的记录、整理、分析和比较研究。

全书共分为6章。第一章介绍了传统建筑的营造程序和风俗礼仪;第二至第五章是本书的主要内容,分别对大木作、屋面诸作、墙体砖石土作以及基础、地面和柱础等四部分传统建筑技艺进行了详细的论述和比较研究,总结了各类技艺的地方特色和一般规律;第六章在结语部分结合苏北的地理、气候、方言和文化分区,提出了对苏北传统建筑技艺区系的研究结论。

本书适合高等院校建筑学专业师生和建筑史、文化史研究者,以及传统建筑设计及施工人员参考。

图书在版编目(CIP)数据

苏北传统建筑技艺 / 李新建著. —南京:东南大
学出版社,2014.10
(建筑遗产保护丛书 / 朱光亚主编)
ISBN 978-7-5641-5259-8

Ⅰ.①苏… Ⅱ.①李… Ⅲ.①古建筑–建筑艺术–苏
北地区 Ⅳ.①TU-092

中国版本图书馆 CIP 数据核字(2014)第 231737 号

出版发行	东南大学出版社
出 版 人	江建中
网　　址	http://www.seupress.com
电子邮箱	press@seupress.com
社　　址	南京市四牌楼 2 号
邮　　编	210096
电　　话	025-83793191(发行)　025-57711295(传真)
经　　销	全国各地新华书店
印　　刷	南京玉河印刷厂
开　　本	787m×1092mm　1/16
印　　张	7.25
字　　数	145 千
版　　次	2014 年 10 月第 1 版
印　　次	2014 年 10 月第 1 次印刷
书　　号	ISBN 978-7-5641-5259-8
定　　价	39.00 元

本社图书若有印装质量问题,请直接与营销部联系。电话(传真):025-83791830